国家职业技能鉴定考试指导
国家职业资格培训教程配套辅导练习

# 计算机操作员

## （中级）

主　编　柳　超
编　者　孙　平　柳　超　黄　伟　郭九泰
　　　　李　强　王亚楠　杨艳春　孟庆远
　　　　陈　禹　陈　敏　陈瑛洁

U0229714

中国劳动社会保障出版社

**图书在版编目(CIP)数据**

计算机操作员：中级/人力资源和社会保障部教材办公室组织编写. —北京：中国劳动社会保障出版社，2010

国家职业资格培训教程配套辅导练习

ISBN 978 - 7 - 5045 - 8424 - 3

Ⅰ.①计… Ⅱ.①人… Ⅲ.①电子计算机-技术培训-习题 Ⅳ.①TP3-44

中国版本图书馆CIP数据核字(2010)第 139961 号

**中国劳动社会保障出版社出版发行**

(北京市惠新东街1号 邮政编码：100029)

出版人：张梦欣

\*

中国标准出版社秦皇岛印刷厂印刷装订 新华书店经销

787 毫米×1092 毫米 16 开本 15 印张 289 千字

2010 年 7 月第 1 版 2019 年 7 月第 15 次印刷

**定价：25.00 元**

读者服务部电话：(010) 64929211/84209101/64921644

营销中心电话：(010) 64962347

出版社网址：http://www.class.com.cn

# 编 写 说 明

　　《国家职业资格培训教程配套辅导练习》（以下简称《辅导练习》）是《国家职业资格培训教程》（以下简称《教程》）的配套辅助教材，每本《教程》对应配套编写一册《辅导练习》。《辅导练习》共包括两部分：

　　**第一部分：鉴定指导。**此部分内容按照《教程》章的顺序，对照《教程》各章内容编写。每章包括五项内容：考核要点、重点复习提示、理论知识辅导练习题、操作技能辅导练习题、参考答案。

　　——考核要点是依据国家职业标准、结合《教程》内容归纳出的考核重点，以表格形式叙述。

　　——重点复习提示为《教程》各章内容的重点提炼，使读者在全面了解《教程》内容的基础上重点掌握核心内容，达到更好地把握考核要点的目的。

　　——理论知识辅导练习题题型采用三种客观性命题方式，即判断题、单项选择题和多项选择题，题目内容、题目数量严格依据理论知识考核要点，并结合《教程》内容设置。

　　——操作技能辅导练习题题型按职业实际情况安排了实际操作题、模拟操作题、案例选择题、案例分析题、情景题、写作题等，部分职业还依据职业特点及实际考核情况采用了其他题型。

　　**第二部分：模拟试卷。**包括该级别理论知识考核模拟试卷、操作技能考核模拟试卷若干套，并附有参考答案。理论知识考核模拟试卷体现了本职业该级别大部分理论知识考核要点的内容；操作技能考核模拟试卷完全涵盖了操作技能考核范围，体现了操作技能考核要点的内容。

　　本职业《辅导练习》共包括 4 本，即基础知识、初级、中级、高级。本书是其中的一本，适用于对中级计算机操作员的职业技能培训和鉴定考核。书中部分练习题配有素材，下载地址为：http://www.class.com.cn/datas/4/094104.zip。

　　本书在编写过程中得到了三河市人事劳动和社会保障局职业技能鉴定所、三河奥斯达职业技术学校、九江学院信息科学与技术学院的大力支持与协助，在此一并表示衷心的感谢。

　　编写《辅导练习》有相当的难度，是一项探索性工作。由于时间仓促，缺乏经验，不足之处在所难免，恳切欢迎各使用单位和个人提出宝贵意见和建议。

# 目 录

## 第一部分 鉴定指导

第1章 计算机的安装、连接与调试……………………………………（1）

考核要点………………………………………………………………（1）

重点复习提示…………………………………………………………（2）

理论知识辅导练习题…………………………………………………（8）

操作技能辅导练习题…………………………………………………（16）

参考答案………………………………………………………………（18）

第2章 文件管理………………………………………………………（41）

考核要点………………………………………………………………（41）

重点复习提示…………………………………………………………（41）

理论知识辅导练习题…………………………………………………（46）

操作技能辅导练习题…………………………………………………（53）

参考答案………………………………………………………………（54）

第3章 文字录入………………………………………………………（64）

考核要点………………………………………………………………（64）

重点复习提示…………………………………………………………（64）

理论知识辅导练习题…………………………………………………（67）

操作技能辅导练习题…………………………………………………（75）

参考答案………………………………………………………………（77）

第4章 通用文档处理…………………………………………………（79）

考核要点………………………………………………………………（79）

重点复习提示…………………………………………………………（80）

理论知识辅导练习题…………………………………………………（83）

操作技能辅导练习题…………………………………………………（91）

参考答案 ································································································ （95）

**第5章　电子表格处理** ······································································· （117）

考核要点 ································································································ （117）

重点复习提示 ························································································ （118）

理论知识辅导练习题 ··············································································· （122）

操作技能辅导练习题 ··············································································· （128）

参考答案 ································································································ （131）

**第6章　演示文稿处理** ······································································· （144）

考核要点 ································································································ （144）

重点复习提示 ························································································ （144）

理论知识辅导练习题 ··············································································· （147）

操作技能辅导练习题 ··············································································· （153）

参考答案 ································································································ （155）

**第7章　网络连接与信息浏览** ··························································· （168）

考核要点 ································································································ （168）

重点复习提示 ························································································ （168）

理论知识辅导练习题 ··············································································· （171）

操作技能辅导练习题 ··············································································· （175）

参考答案 ································································································ （176）

**第8章　多媒体信息处理** ··································································· （182）

考核要点 ································································································ （182）

重点复习提示 ························································································ （182）

理论知识辅导练习题 ··············································································· （186）

操作技能辅导练习题 ··············································································· （194）

参考答案 ································································································ （195）

## 第二部分　模拟试卷

理论知识考核模拟试卷 ··············································································· （205）

理论知识考核模拟试卷参考答案 ··································································· （224）

操作技能考核模拟试卷 ··············································································· （225）

国家职业资格培训教程配套辅导练习

# 第一部分　鉴定指导

# 第1章　计算机的安装、连接与调试

## 考核要点

| 考核范围 | 理论知识考核要点 | 操作技能考核要点 |
|---|---|---|
| 电源系统连接与检测 | 1. 掌握 UPS 电源的概念、作用与应用<br>2. 掌握 UPS 电源的类别、供电方式与特点<br>3. 掌握 UPS 电源的电力来源<br>4. 掌握 UPS 电源的充电方法<br>5. 掌握 UPS 电源的电池种类<br>6. 掌握后备式 UPS 电源的连接方法 | 1. 能够连接 UPS 电源<br>2. 能够检测 UPS 电源的工作状态 |
| 外围设备连接与应用 | 1. 掌握外围设备的分类<br>2. 掌握计算机输入设备的定义及分类<br>3. 掌握计算机输出设备的定义及分类<br>4. 掌握扫描仪的安装方法<br>5. 掌握操纵杆的概念及安装方法<br>6. 掌握音响系统的连接方法<br>7. 掌握调制解调器的概念与连接方法 | 1. 能够连接、使用扫描仪、手写笔、数码相机、摄像头等输入设备<br>2. 能够连接、使用打印机、绘图仪、音响系统、投影仪和 USB 存储器<br>3. 能够连接、使用调制解调器 |
| 操作系统安装 | 1. 掌握输入法热键的设置<br>2. 掌握桌面背景的设置<br>3. 掌握操作系统的安装方式<br>4. 掌握添加字体和输入法的方法 | 1. 能够添加字体和输入法<br>2. 能够安装、设置输入、输出设备驱动程序<br>3. 能够安装操作系统 |
| 设备综合应用 | 1. 掌握硬盘分区的概念<br>2. 掌握硬盘分区的类型<br>3. 掌握硬盘分区的格式<br>4. 掌握硬盘分区的过程<br>5. 掌握磁盘的属性 | 1. 能够进行硬盘分区操作<br>2. 能够设置硬盘分区格式 |
| 应用程序综合操作 | 1. 掌握应用程序的常用安装方式<br>2. 掌握电子邮件程序的调试<br>3. 掌握默认电子邮件程序的设置 | 1. 能够安装、调试电子邮件程序<br>2. 能够安装、调试浏览器应用软件 |

# 重点复习提示

## 一、电源系统连接与检测

### 1. UPS 电源的概念、作用与应用

（1）UPS 电源的概念

UPS（Uninterruptible Power Supply，不间断电源）电源是一种含有储能装置、以逆变器为主要组成部分的恒压恒频的电源设备。

（2）UPS 电源的作用

不间断电源的作用是在外界中断供电的情况下，及时给计算机等设备供电，以免发生通信的中断、重要数据的丢失和硬件的损坏。

（3）UPS 电源的应用

UPS 电源广泛应用于精密仪器、医疗设备、通信系统、安全监控、网络系统、自动控制生产线等对电流稳定性要求较高的场合，特别是通信等要求电流不得中断的应用系统。

### 2. UPS 电源的类别、供电方式与特点

（1）UPS 电源的类别

常见的 UPS 电源主要有在线式（OnLine）、后备式（OffLine）两种。

（2）UPS 电源的供电方式

1）在线式 UPS 电源的供电方式是市电输入 UPS 电源后，被其转换成直流电，直流电为电池充电，电池输出的电流通过 UPS 电源的逆变器转换为交流电输出。

2）后备式 UPS 电源的供电方式是市电输入 UPS 电源后分为两路运行，一路为设备直接供电，另一路通过 UPS 电源将市电转换为直流电为电池充电。

（3）UPS 电源的特点

1）在线式 UPS 电源的特点：逆变器一直处于工作状态，电源的切换时间为零；输出的电压和频率稳定，多用在供电质量要求很高的场合。这种电源无切换时间，使用起来较为可靠；可以改善供电质量，其价格相对较贵。

2）后备式 UPS 电源的特点：大多数后备式 UPS 电源的切换时间为 4～8 ms，其结构简单，价格便宜，对于一般的用户能够满足要求。

### 3. UPS 电源的电力来源

UPS 电源的电力来源是其所配的化学电源，所以 UPS 电源工作质量的高低主要依赖其化学电源的性能，以及对其正确使用和精心维护的程度。

#### 4. UPS 电源的充电方法

充电方法：恒定电压为 $2.35 \sim 2.40$ V，限制初始电流不得超过 $0.25C_5$ A，在 25℃的环境下，全放电态的电池充足需要 $18 \sim 24$ h。

#### 5. UPS 电源的电池种类

UPS 电源的电池种类很多，有开口的铅酸电池、阀控式铅酸电池、镉镍开口式电池以及其他类型的电池。其中阀控式铅酸电池与镉镍开口式电池的使用不尽相同，应根据各自的使用说明书进行使用维护。

#### 6. 后备式 UPS 电源的连接方法

（1）将 UPS 电源输入端接交流 220 V 市电。

（2）将 UPS 输出端接主机和显示器等设备，并尽量不在插座上插入其他用电器。

## 二、外围设备连接与应用

#### 1. 外围设备的分类

计算机的外围设备分为输入设备和输出设备两类。

#### 2. 计算机输入设备的定义及分类

输入设备是向计算机输入数据的设备，它是计算机与用户或其他设备通信的桥梁。计算机的输入设备按功能可分为下列几类：

（1）字符输入设备：键盘。

（2）光学阅读设备：光学标记阅读机、光学字符阅读机。

（3）图形输入设备：鼠标器、操纵杆、光笔。

（4）图像输入设备：摄像机、扫描仪、传真机。

（5）模拟输入设备：语言模数转换识别系统。

#### 3. 计算机输出设备的定义及分类

输出设备是人与计算机交互的一种部件，用于数据的输出。常见输出设备有以下几类：

（1）显示输出设备：显示器、影像输出系统、投影仪。

（2）打印输出设备：打印机、绘图仪。

（3）语音输出设备：扬声器、音频输出系统。

（4）数据记录设备：软盘驱动器、硬盘驱动器、其他磁光记录设备等。

#### 4. 扫描仪的安装方法

安装扫描仪的程序，一般来说都是先行安装扫描仪的驱动程序，再安装硬件及随机所附的应用软件。

以下是常用扫描仪的接口类型：

（1）EPP 扫描仪使用 Parallel Port 接口。

（2）USB 扫描仪使用 USB 接口。

（3）SCSI 扫描仪使用 SCSI 接口。

**5. 操纵杆的概念及安装方法**

（1）概念

操纵杆（Joy Stick）是一种用于计算机游戏的专用输入设备，用于接收游戏者的游戏控制操纵指令。

（2）安装方法

操纵杆连接后，一般需要安装驱动程序，并通过 Windows XP "控制面板" 中的 "游戏控制器" 设置和调试。

**6. 音响系统的连接方法**

连接音响设备电源，然后将音响设备的音频线连接到计算机声卡的端口上。一般计算机声卡有如下端口：

（1）Line Out 接口（淡绿色，外接音箱输出）：通过音频线连接音箱的 Line 接口，输出经过计算机处理的各种音频信号。

（2）Line in 接口（淡蓝色，音频输入）：位于 Line Out 和 Mic 中间的接口（音频输入接口），需和其他音频专业设备相连，家庭用户一般闲置无用。

（3）Mic 接口（粉红色，传声器输入）：MIC 接口与传声器连接。

**7. 调制解调器的概念与连接方法**

（1）概念

调制解调器是一种输入输出设备，即人们常说的 Modem，其实是 Modulator（调制器）与 Demodulator（解调器）的简称，中文称为调制解调器。

（2）连接方法

1）外置 Modem 的连接

①连接电话线。

②关闭计算机电源，连接 Modem 的电缆线。

③连接 Modem 的电源线，检查指示灯状态。

2）内置 Modem 的连接

①根据说明书设置好有关的跳线。

②关闭计算机电源，打开机箱，安装 Modem 卡。

③连接电话线和数据线。

3）ADSL Modem 和计算机的连接

①连接信号分离器。

②连接 ADSL Modem。

③连接 Internet。

## 三、操作系统安装

**1. 输入法热键的设置**

在 Windows XP 操作系统中，当用户要查看或设置输入法的热键时，可以按下面的操步骤进行。

（1）用鼠标右键单击任务栏右边的语言输入法按钮，选择"设置"选项，打开"文字服务和输入语言"对话框。

（2）在"文字服务和输入语言"窗口中，单击"首选项"中的 键设置(K)... 按钮，打开"高级键设置"对话框。在"输入语言的热键"列表中显示着默认的热键。

**2. 桌面背景的设置**

在 Windows 中设置桌面背景可以按照下列的步骤进行。

（1）选择背景

在"背景"列表框中列出了 Windows 已有的墙纸，用户可以在其中进行选择。选择某种背景方案后，在列表框的上方的显示器中会显示所选背景图像的预览效果。

（2）"浏览"按钮

如果背景列表框中没有用户满意的方案，还可以单击"浏览"按钮，在计算机中选择其他的图像文件作为桌面的背景。Windows 的墙纸支持 bmp、jpeg、gif、dib 等文件格式。

（3）"位置"按钮

在"显示"属性窗口，点击"位置"按钮，可以设置墙纸在桌面上的显示方式。包括居中（将背景图片在桌面上居中显示，如果墙纸图片小于桌面，在图片范围之外会显示桌面的当前颜色）、平铺（将背景图片平铺在桌面上，如果背景图片小于桌面，背景图片会在桌面上重复排列，直到排满桌面）和拉伸（如果背景图片小于桌面，系统会将背景图片向四周拉伸使用之铺满桌面，如果背景图片大于桌面，系统会缩小图片，使之正好铺满桌面）等方式。

**3. 操作系统的安装方式**

Windows XP 的安装方式有三种：升级安装、全新安装和多系统共存安装。

（1）升级安装

从较低版本的 Windows 操作系统，升级到较高版本的 Windows 操作系统。

（2）全新安装

如果计算机还未安装操作系统，或者要对机器上原有的操作系统格式化安装，则可以采用这种方式进行安装。

（3）多系统共存安装

如果计算机上已经安装了操作系统，并且希望在保留现有系统的基础上安装其他操作系统，则可以采用这种方式。

**4. 添加字体和输入法的方法**

（1）添加新字体

1）在"控制面板"中，双击"字体"图标，打开"字体"窗口。

2）选择"文件"菜单下的"安装新字体"命令，打开"添加字体"对话框。

3）选择字体文件所在的驱动器和路径，选定其中要加入的字体进行安装。

4）可用 Shift 键、Ctrl 键和鼠标配合，对字体进行选择性安装。

（2）删除字体

先在"字体"窗口中选择准备删除的字体，然后选择"文件"菜单中的"删除"命令将选择的字体删除。

（3）安装输入法

1）右键单击任务栏中的语言输入法按钮 🔠，选择"设置"选项，打开"文字服务和输入语言"对话框。

2）单击对话框中的" 添加(D)... "按钮，打开"添加输入语言"对话框。

3）在"键盘布局/输入法"下拉列表框中选择所需输入法进行添加。

（4）删除输入法

如需删除输入法，可在"文字服务和输入语言"对话框中，选择需要删除的输入法，单击"删除"按钮进行删除。

## 四、设备综合应用

**1. 硬盘分区的概念**

硬盘分区就是把硬盘划分为若干个区域，在每个区域里建立一个逻辑驱动器。这样，可以把一个硬盘划分为几个逻辑驱动器，如 C、D、E 等。

**2. 硬盘分区的类型**

（1）主分区

一个硬盘的主分区指包含操作系统启动所必需的文件和数据的硬盘分区，要在硬盘上安装操作系统，则该硬盘至少有一个主分区。

（2）扩展分区和逻辑分区

扩展分区一般是指除主分区外的分区，但不能直接使用，必须再将它划分为若干个逻辑分区。

（3）其他分区

划分给其他操作系统的分区，例如 UNIX 操作系统。

（4）活动分区

设置某个分区为活动分区后，则这个分区在开机启动时将拥有系统控制权，即使用该分区内的操作系统启动计算机。

一般说来，硬盘分区的创建遵循着"主分区→扩展分区→逻辑驱动器"的顺序，而删除分区则与之相反。主分区之外的硬盘空间就是扩展分区，而逻辑驱动器是对扩展分区另行划分得到的。

**3. 硬盘分区的格式**

目前 Windows 支持的分区格式（文件系统格式）主要包括 FAT16、FAT32、NTFS。其中，FAT16 分区格式因为实际利用效率低，已经很少使用。FAT32 采用 32 位的文件分配表，使其对磁盘的管理能力大大增强，是使用较多的分区格式，Windows 98/Me/2000/XP 都支持它。同 FAT32 相比，NTFS 具有更高的安全性和稳定性，逐渐成为 Windows XP 系统中的主流分区格式。

**4. 硬盘分区的过程**

不管使用哪种分区软件，在给硬盘建立分区时都要遵循以下的顺序：建立主分区→建立扩展分区→建立逻辑分区→激活主分区→格式化所有分区。

**5. 磁盘的属性**

要查看某个磁盘的属性，可以执行如下操作之一：

（1）在"我的电脑"窗口选择某一驱动器图标后，执行"文件"菜单的"属性"命令。

（2）在"我的电脑"窗口用鼠标右键单击某一驱动器图标，在弹出的快捷菜单中选择"属性"命令。

如果磁盘是用 FAT 文件系统格式化的，则卷标最多包含 11 个字符。如果磁盘是用 NTFS 文件系统格式化的，则卷标最多包含 32 个字符。

## 五、应用程序综合操作

**1. 应用程序的常用安装方式**

安装应用程序时，常见的有标准安装和自定义安装。标准安装不需要选择安装组件，而是按照安装程序的默认设置安装指定的组件。自定义安装是根据需要，由用户自己选择需要的组件。

**2. 电子邮件程序的调试**

安装电子邮件程序后，一般都需要先设置电子邮箱账户。设置电子邮箱账户要求告知电子邮件的相关信息：电子邮箱的地址、用户名、密码，以及要使用的接收邮件服务器的地址（POP3 或 IMAP）和发送邮件服务器（SMTP）的地址。

**3. 默认电子邮件程序的设置**

Internet Explorer 默认使用 Outlook Express 作为电子邮件软件，如果想将它改为其他电子邮件软件，其操作步骤如下。

（1）打开浏览器，单击"工具"按钮 ⚙ 工具(0) ▾ ，在弹出的下拉菜单中选择"Internet 选项"命令，屏幕弹出"Internet 选项"对话框。

（2）单击"程序"选项卡，在"Internet 程序"栏的"电子邮件"下拉列表中选择自己要使用的电子邮件软件。

（3）单击"确定"按钮，完成电子邮件软件的设置。

# 理论知识辅导练习题

**一、判断题**（下列判断正确的请在括号内打"√"，错误的请在括号内打"×"）

1. 不间断电源是一种含有储能装置、以变压器为主要组成部分的恒压恒频的电源设备。
（　　）

2. 使用 UPS 电源可以避免通信的中断、重要数据的丢失和硬件的损坏。（　　）

3. UPS 电源广泛应用于精密仪器、医疗设备等对电流稳定性要求较低的场合。（　　）

4. 常见的 UPS 电源主要有三种类型。（　　）

5. 在线式 UPS 电源的供电方式是市电输入 UPS 电源后，被其转换成交流电，交流电为电池充电。
（　　）

6. 在线式 UPS 电源无切换时间。（　　）

7. 后备式 UPS 电源的供电方式是市电输入 UPS 电源后分为两路运行，且两路一起为设备直接供电。
（　　）

8. 后备式 UPS 电源结构简单，价格便宜。（　　）

9. UPS 电源的电力来源是其所配的化学电源。（　　）

10. 在 25℃的环境下，全放电态的电池充足需要 2～8 h。（　　）

11. 阀控式铅酸电池的管理和维护与镉镍开口式电池完全相同。　　　（　　　）

12. 连接后备式电源时应将 UPS 电源输入端接交流 220 V 市电。　　（　　　）

13. 计算机的外部设备可以分成三类。　　　　　　　　　　　　　（　　　）

14. 键盘属于字符输入设备。　　　　　　　　　　　　　　　　　（　　　）

15. 绘图仪属于显示输出设备。　　　　　　　　　　　　　　　　（　　　）

16. EPP 扫描仪使用 USB 接口。　　　　　　　　　　　　　　　（　　　）

17. 操纵杆是一种用于计算机游戏的专用输出设备。　　　　　　　（　　　）

18. MIC 接口与音箱的 Line 连接。　　　　　　　　　　　　　　（　　　）

19. 输入法热键设置中，全角/半角切换法用 Shift＋Space 键。　　（　　　）

20. 设置桌面背景时，在位置下拉列表中，可以设置墙纸在桌面上的显示方式。（　　　）

21. 在保留现有系统的基础上安装 Windows XP，这种安装方式是多系统共存安装。

　　　　　　　　　　　　　　　　　　　　　　　　　　　　（　　　）

22. 一个硬盘可以划分若干个逻辑驱动器。　　　　　　　　　　　（　　　）

23. 主分区之外的硬盘空间就是逻辑分区，而扩展驱动器是对逻辑分区另行划分得到的。　　　　　　　　　　　　　　　　　　　　　　　　　　（　　　）

24. FAT32 分区采用 32 位的文件分配表。　　　　　　　　　　　（　　　）

25. 给硬盘分区不需要遵循一定的顺序。　　　　　　　　　　　　（　　　）

26. 如果磁盘是用 NTFS 文件系统格式化的，则卷标最多包含 32 个字符（　　　）

27. Windows 的磁盘碎片整理程序可以删除磁盘中不要的文件。　　（　　　）

28. 自定义安装可以根据需要，由用户自己选择需要的组件。　　　（　　　）

29. Internet Explorer 默认使用 Outlook Express 作为电子邮件软件。（　　　）

30. 发送邮件服务的协议是 IMAP。　　　　　　　　　　　　　　（　　　）

**二、单项选择题**（下列每题有 4 个选项，其中只有 1 个是正确的，请将其代号填写在横线空白处）

1. ＿＿＿＿＿＿是一种含有储能装置、以逆变器为主要组成部分的恒压恒频的电源设备。

　　A. 不间断电源　　　　　　　　　　　　B. 直流电源

　　C. 稳压电源　　　　　　　　　　　　　D. 交流电源

2. ＿＿＿＿＿＿的作用是在外界中断供电的情况下，及时给计算机等设备供电。

　　A. WPS　　　　　　　　　　　　　　　B. USB

　　C. UBS　　　　　　　　　　　　　　　D. UPS

3. 使用 UPS 可以避免通信的中断、＿＿＿＿＿＿和硬件的损坏。

　　A. 重要数据的丢失　　　　　　　　　　B. 重要数据的保存

C. 重要数据的复制　　　　　　　　　　　　D. 重要数据的备份

4. _____广泛应用于精密仪器、医疗设备等对电流稳定性要求较高的场合。

    A. WPS　　　　　　　　　　　　　　　　B. UPS

    C. UBS　　　　　　　　　　　　　　　　D. USB

5. 常见的 UPS 电源主要有在线式、_____两种。

    A. 无线式　　　　　　　　　　　　　　　B. 有线式

    C. 后备式　　　　　　　　　　　　　　　D. 广播式

6. _____UPS 又称在线式 UPS。

    A. OnLine　　　　　　　　　　　　　　　B. Office

    C. OffLine　　　　　　　　　　　　　　　D. Inline

7. _____电源的供电方式是市电输入 UPS 后，被其转换成直流电，并为电池充电，输出的电流通过逆变器转换为交流电为设备供电。

    A. 后备式 UPS　　　　　　　　　　　　　B. 在线式 UPS

    C. 无线式 UPS　　　　　　　　　　　　　D. 转换 UPS

8. 在线式 UPS 电源的特点是_____一直处于工作状态。

    A. 变压器　　　　　　　　　　　　　　　B. 逆变器

    C. 稳压器　　　　　　　　　　　　　　　D. 协调器

9. 在线式 UPS 电源的另一特点是输出的_____稳定。

    A. 电流和频率　　　　　　　　　　　　　B. 电压和频率

    C. 电压和电流　　　　　　　　　　　　　D. 信号和电压

10. 在线式 UPS 电源由于_____，使用起来可靠。

    A. 无切换时间　　　　　　　　　　　　　B. 切换时间短

    C. 切换时间长　　　　　　　　　　　　　D. 供电电流不稳

11. 后备式 UPS 电源的供电方式是市电输入 UPS 电源后分为两路运行，一路为设备直接供电，另一路通过 UPS 电源将市电转换为_____为电池充电。

    A. 直流电　　　　　　　　　　　　　　　B. 交流电

    C. 三相电　　　　　　　　　　　　　　　D. 四相电

12. 大多数后备式 UPS 电源的切换时间为_____。

    A. 1～2 ms　　　　　　　　　　　　　　B. 4～8 ms

    C. 2～4 ms　　　　　　　　　　　　　　D. 8～16 ms

13. 以下关于后备式 UPS 电源说法正确的是_____。

    A. 结构简单，价格昂贵　　　　　　　　　B. 结构简单，价格便宜

C. 结构复杂，但价格便宜　　　　　　　　D. 结构复杂，价格昂贵

14. UPS 电源的电力来源是其所配的_____。

　　A. 物理电源　　　　　　　　　　　　　B. 化学电源

　　C. 生物电源　　　　　　　　　　　　　D. 后备电源

15. UPS 电源工作的质量高低主要依赖其化学电源的_____。

　　A. 性能　　　　　　　　　　　　　　　B. 数量

　　C. 大小　　　　　　　　　　　　　　　D. 容量

16. 新购的 UPS 电源在充电时，恒定电压应为_____。

　　A. 2.35～2.40 V　　　　　　　　　　　B. 2.5～2.60 V

　　C. 2.35～2.60 V　　　　　　　　　　　D. 2.35～2.80 V

17. 新购的 UPS 电源在充电时，限制初始电流不得超过_____。

　　A. $0.15C_5$ A　　　　　　　　　　　　B. $0.25C_5$ A

　　C. $0.35C_5$ A　　　　　　　　　　　　D. $0.45C_5$ A

18. 在 25℃的环境下，全放电态的电池充足需要_____。

　　A. 8～10 h　　　　　　　　　　　　　B. 18～24 h

　　C. 10～24 h　　　　　　　　　　　　D. 20～24 h

19. 以下不是 UPS 电源电池的是_____。

　　A. 开口的铅酸电池　　　　　　　　　　B. 阀控式铅酸电池

　　C. 镉镍开口式电池　　　　　　　　　　D. 铅镍开口式电池

20. 连接后备式 UPS 电源时应将 UPS 电源输入端接_____市电。

　　A. 交流 110 V　　　　　　　　　　　　B. 交流 220 V

　　C. 直流 110 V　　　　　　　　　　　　D. 直流 220 V

21. 连接后备式 UPS 电源时应将 UPS 电源输出端接_____等设备。

　　A. 主机和显示器　　　　　　　　　　　B. 市电

　　C. 主机和内存　　　　　　　　　　　　D. 主机和硬盘

22. 计算机的外部设备可以分成_____两类。

　　A. 输入设备和处理设备　　　　　　　　B. 输出设备和存储设备

　　C. 输入设备和运算设备　　　　　　　　D. 输入设备和输出设备

23. _____是向计算机输入数据的设备，它是计算机与用户或其他设备通信的桥梁。

　　A. 输出设备　　　　　　　　　　　　　B. 输入设备

　　C. 存储设备　　　　　　　　　　　　　D. 处理设备

24. 鼠标器属于_____。

A. 字符输入设备            B. 光学阅读设备

C. 图形输入设备            D. 图像输入设备

25. 扫描仪属于_____。

    A. 字符输入设备            B. 光学阅读设备

    C. 图形输入设备            D. 图像输入设备

26. 键盘属于_____。

    A. 字符输入设备            B. 光学阅读设备

    C. 图形输入设备            D. 图像输入设备

27. _____设备是人与计算机交互的一种部件，用于数据的输出。

    A. 输入            B. 输出

    C. 运算            D. 存储

28. 绘图仪属于_____。

    A. 显示输出设备            B. 打印输出设备

    C. 语音输出设备            D. 数据记录设备

29. 下列设备中属于打印输出设备的是_____。

    A. 扬声器            B. 音响

    C. 绘图仪            D. 显示器

30. 安装扫描仪的程序，一般来说都是先行安装_____。

    A. 随机所附的应用软件            B. 扫描仪的驱动程序

    C. 硬件            D. 电源

31. 安装扫描仪的程序时，EPP 扫描仪使用_____接口。

    A. USB            B. Parallel Port

    C. SCSI            D. RJ－45

32. _____是一种用于计算机游戏的专用输入设备。

    A. 扫描仪            B. 光笔

    C. 操纵杆            D. 摄像机

33. 操纵杆可以通过 Windows XP"控制面板"中的"_____"来设置和调试。

    A. 游戏控制器            B. 系统属性

    C. 网络连接            D. 显示属性

34. 一般计算机声卡的 Line Out 接口通过音频线连接音箱的_____接口。

    A. Line in            B. Mic

    C. Line Out            D. Line

35. ＿＿＿＿＿与传声器连接。

　　A．Line Out 接口　　　　　　　　　　B．Line in 接口

　　C．MIC 接口　　　　　　　　　　　　D．Line 接口

36. 中文/英文切换热键是＿＿＿＿＿。

　　A．Ctrl＋Space　　　　　　　　　　B．Shift＋Space

　　C．Alt＋Space　　　　　　　　　　　D．Tab＋Space

37. 下列不属于操作系统默认的常用热键的是＿＿＿＿＿。

　　A．Ctrl＋。　　　　　　　　　　　　B．Shift＋Space

　　C．Ctrl＋Space　　　　　　　　　　D．Tab＋Space

38. 全角/半角切换热键是＿＿＿＿＿。

　　A．Tab＋Space　　　　　　　　　　B．Ctrl＋Space

　　C．Shift＋Space　　　　　　　　　　D．Alt＋Space

39. 下列不属于 Windows 的墙纸文件支持的是＿＿＿＿＿文件格式。

　　A．bmp　　　　　　　　　　　　　　B．gif

　　C．dib　　　　　　　　　　　　　　D．vnt

40. 设置桌面背景时，在“＿＿＿＿＿”下拉列表中，可以设置墙纸在桌面上的显示方式。

　　A．背景　　　　　　　　　　　　　　B．浏览

　　C．位置　　　　　　　　　　　　　　D．颜色

41. 下列不属于墙纸在桌面上显示方式的是＿＿＿＿＿。

　　A．平铺　　　　　　　　　　　　　　B．拉伸

　　C．对齐　　　　　　　　　　　　　　D．居中

42. Windows XP 的安装方式通常有＿＿＿＿＿种。

　　A．两　　　　　　　　　　　　　　　B．三

　　C．四　　　　　　　　　　　　　　　D．五

43. 在原有的 Windows 系统上覆盖安装 Windows XP，这种安装方式是＿＿＿＿＿。

　　A．多系统共存安装　　　　　　　　　B．升级安装

　　C．全新安装　　　　　　　　　　　　D．格式化安装

44. 将计算机上所有系统格式化后再安装 Windows XP，这种安装方式是＿＿＿＿＿。

　　A．多系统共存安装　　　　　　　　　B．升级安装

　　C．全新安装　　　　　　　　　　　　D．格式化安装

45. 在保留现有系统的基础上安装 Windows XP，这种安装方式是＿＿＿＿＿。

　　A．多系统共存安装　　　　　　　　　B．升级安装

C. 全新安装      D. 格式化安装

46. 一个硬盘可以划分＿＿＿＿＿＿＿逻辑驱动器。

    A. 若干个      B. 四个

    C. 两个      D. 三个

47. 硬盘分区就是把硬盘划分为若干个区域，在每个区域里建立＿＿＿＿＿＿＿逻辑驱动器。

    A. 两个      B. 三个

    C. 若干个      D. 一个

48. 在硬盘上安装操作系统，该硬盘至少有一个＿＿＿＿＿＿＿。

    A. 主分区      B. 扩展分区

    C. 逻辑分区      D. 以上都对

49. ＿＿＿＿＿＿＿一般指的是除主分区外的分区。

    A. 次分区      B. 扩展分区

    C. 逻辑分区      D. 活动分区

50. ＿＿＿＿＿＿＿是对扩展分区再进行划分得到的。

    A. 物理驱动器      B. 逻辑驱动器

    C. 硬盘驱动器      D. 软盘驱动器

51. FAT32 采用＿＿＿＿＿＿＿的文件分配表。

    A. 8 位      B. 16 位

    C. 32 位      D. 64 位

52. 同 FAT32 相比，＿＿＿＿＿＿＿具有更高的安全性和稳定性，逐渐成为 Windows XP 系统中的主流分区格式。

    A. FAT64      B. NTFS

    C. FAT      D. EXT2

53. 硬盘分区过程中，正确的步骤是＿＿＿＿＿＿＿。

    A. 建立主分区→建立扩展分区→建立逻辑分区→激活主分区→格式化所有分区

    B. 建立逻辑分区→建立扩展分区→建立主分区→激活主分区→格式化所有分区

    C. 建立主分区→建立逻辑分区→建立扩展分区→激活主分区→格式化所有分区

    D. 建立扩展分区→建立主分区→建立逻辑分区→激活主分区→格式化所有分区

54. 如果磁盘是用 FAT 文件系统格式化的，则卷标最多包含＿＿＿＿＿＿＿字符。

    A. 8 个      B. 9 个

    C. 10 个      D. 11 个

55. 如果磁盘是用＿＿＿＿＿＿＿文件系统格式化的，则卷标最多包含 32 个字符。

A. FAT
B. FAT32

C. FAT64
D. NTFS

56. 如果磁盘是用 NTFS 文件系统格式化的，则卷标最多包含_____字符。

A. 11 个
B. 32 个

C. 64 个
D. 128 个

57. Windows 的_____，可以删除磁盘中不要的文件。

A. 系统还原程序
B. 磁盘清理程序

C. 磁盘碎片整理
D. 系统备份程序

58. 为了获得更多的磁盘空间，可以使用_____。

A. 系统还原程序
B. 磁盘碎片整理程序

C. 磁盘清理程序
D. 系统备份程序

59. 常见的应用程序安装方式主要有标准安装和_____。

A. 自定义安装
B. 全新安装

C. 格式化安装
D. 覆盖安装

60. _____不需要选择安装组件，它是按照安装程序的默认设置安装指定的组件。

A. 自定义安装
B. 全新安装

C. 标准安装
D. 覆盖安装

61. _____可以根据需要，由用户自己选择需要的组件。

A. 自定义安装
B. 全新安装

C. 标准安装
D. 覆盖安装

62. Internet Explorer 默认使用_____作为电子邮件软件。

A. Outlook Express
B. DreamMail

C. Foxmail
D. Koomail

63. 更改 Internet Explorer 的默认电子邮件软件应该选择"工具"中的"Internet 选项"，单击"_____"选项卡，更改设置。

A. 程序
B. 常规

C. 安全
D. 高级

64. 设置电子邮箱账户时不需要设置_____。

A. 用户上网密码
B. 用户名

C. 密码
D. 邮件服务器的地址

65. 发送邮件服务的协议是_____。

A. POP3
B. IMAP

C. SMTP
D. IP

66. 接收邮件服务的协议是_____。

A. TCP
B. IP

C. SMTP
D. IMAP

67. 设置电子邮箱账户时，"电子邮件服务器名"对话框中应该填写接收和发送的服务器_____。

A. 主机名
B. 地址

C. 描述
D. MAC 地址

# 操作技能辅导练习题

**【试题 1】**

1. 考核要求

（1）按照操作步骤，正确地连接 UPS 电源。

（2）更改系统扬声器为四声道扬声器。

（3）添加"微软拼音输入法 2003"。

（4）使用"磁盘清理"程序对（D:）驱动器进行磁盘清理，并将所有可删除的文件清理干净。

（5）将 Internet 的隐私级别设置为"中上"级。

2. 考核时限

完成本题操作基本时间为 10 min；每超过 1 min 从本题总分中扣除 20%，操作超过 15 min 本题零分。

**【试题 2】**

1. 考核要求

（1）按照操作步骤，正确地连接 UPS 电源。

（2）在系统中添加"调制解调器"。

（3）在系统中添加"仿宋 _ GB 2312（True Type）字体"。

（4）更改本地磁盘（C:）的卷标为"学习软件"；压缩驱动器以节约磁盘空间；并将此更改应用于 C：\ 。

（5）将 Internet 的主页设置为 http：//www. baidu. com，历史记录保存天数设置为 20 天。

2. 考核时限

完成本题操作基本时间为 10 min；每超过 1 min 从本题总分中扣除 20%，操作超过 15 min 本题零分。

**【试题 3】**

1. 考核要求

（1）按照操作步骤，正确地连接 UPS 电源。

（2）将设备音量设置为"高"且"音量图标放入任务栏"；扬声器左音量设置为"低"，右音量设置为"高"。

（3）安装扫描仪或照相机，选择厂商为 Nikon；型号任意；设置名称为"考试系统用"。

（4）启动本地磁盘（C:）的配额管理，将磁盘空间限制为 100 KB，警告等级设置为 50 KB，并记录下用户超过警告等级的事件。

（5）将电子邮件程序"Outlook Express"设置为"所有发送的邮件都要求提供阅读回执"，并且"对每个阅读回执请求都通知我"。连接设置为"切换拨号连接之前询问"，"完成发送和接收后挂断"。

2. 考核时限

完成本题操作基本时间为 10 min；每超过 1 min 从本题总分中扣除 20%，操作超过 15 min 本题零分。

**【试题 4】**

1. 考核要求

（1）按照操作步骤，正确地连接 UPS 电源。

（2）添加硬件打印机：EPSON DLQ－1000K，使用 COM1（串行口），打印机命名为："DLQ－1000K"。

（3）删除"中文（简体）－智能 ABC"输入法。

（4）将（D:）驱动器虚拟内存的初始大小设置为 1 500 MB，最大值设置为 3 000 MB。

（5）在 Outlook Express 中创建一个名为"中级考生"，地址为"someone @ hotmail. com"的新账户。

2. 考核时限

完成本题操作基本时间为 10 min；每超过 1 min 从本题总分中扣除 20%，操作超过 15 min 本题零分。

# 参考答案

## 理论知识辅导练习题参考答案

### 一、判断题

1. × 2. √ 3. × 4. × 5. × 6. √ 7. × 8. √ 9. √ 10. × 11. × 12. √
13. × 14. √ 15. × 16. × 17. × 18. × 19. √ 20. √ 21. √ 22. √ 23. ×
24. √ 25. × 26. √ 27. × 28. √ 29. √ 30. ×

### 二、单项选择题

1. A 2. D 3. A 4. B 5. C 6. A 7. B 8. B 9. B 10. A 11. A 12. B 13. B
14. B 15. A 16. A 17. B 18. B 19. D 20. B 21. A 22. D 23. B 24. C 25. D
26. A 27. B 28. B 29. C 30. B 31. B 32. C 33. A 34. D 35. C 36. A 37. D
38. C 39. D 40. C 41. A 42. B 43. B 44. C 45. D 46. A 47. B 48. C 49. B
50. B 51. C 52. B 53. A 54. C 55. D 56. B 57. C 58. C 59. A 60. C 61. A
62. A 63. A 64. A 65. C 66. D 67. B

## 操作技能辅导练习题参考答案

【试题1】

1. 操作步骤及注意事项

（1）连接 UPS 电源

1）将 UPS 电源输入端接交流 220 V 市电。

2）将 UPS 输出端接主机和显示器等设备，如图
1—1 所示，并尽量不在插座上插入其他用电器。

（2）修改音频设备的属性

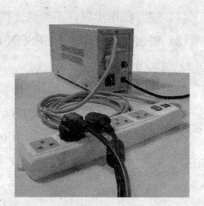

图 1—1

1）在"控制面板"中双击  图标，弹
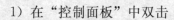声音和音频设备

出如图 1—2 所示的"声音和音频设备属性"对话框。

2）单击对话框下方"扬声器设置"中的"高级"按钮，弹出如图 1—3 所示的"高级音
频属性"设置对话框，在"扬声器设置"下拉菜单中选择"四声道扬声器"，点击"确定"
按钮，完成设置。

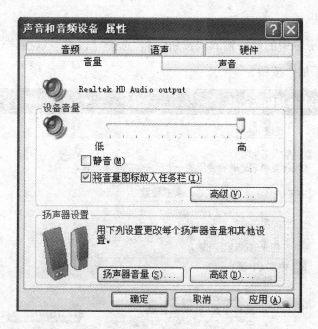

图 1—2

图 1—3

19

（3）添加输入法

1）右键单击任务栏中的语言输入法按钮![键盘图标]，选择"设置"选项，打开如图1—4所示的对话框，单击"添加"按钮。

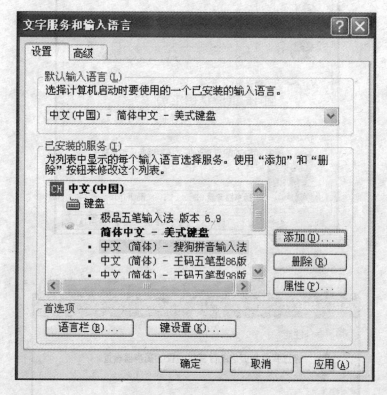

图1—4

2）如图1—5所示，在弹出的"添加输入语言"对话框中，勾选"键盘布局/输入法"选项，并在其下拉菜单中选择"微软拼音输入法2003"，然后单击"确定"按钮完成该输入法的添加。

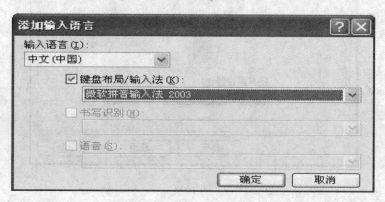

图1—5

（4）磁盘清理的操作

1）单击"开始"按钮，依次选择"所有程序"→"附件"→"系统工具"→"磁盘清理"命令，弹出如图 1—6 所示的"选择驱动器"对话框，选择（D：）驱动器后，点击"确定"按钮，开始进行磁盘清理前的扫描。如图 1—7 所示。

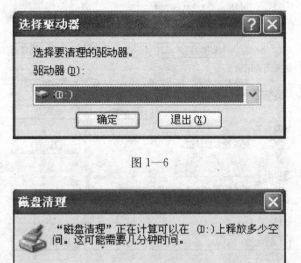

图 1—6

图 1—7

2）扫描完成后，弹出如图 1—8 所示的"（D：）的磁盘清理"对话框，选择所有可删除的文件后，点击"确定"按钮完成磁盘清理操作。

（5）修改浏览器属性

1）启动"Internet Explorer 浏览器"，单击"工具"按钮 工具(O)▼，在下拉菜单中选择"Internet 选项"命令，弹出"Internet 选项"对话框，如图 1—9 所示。

2）如图 1—10 所示，在"Internet 选项"对话框的"隐私"选项卡中，将隐私的级别设置为"中上"

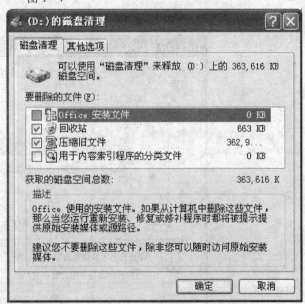

图 1—8

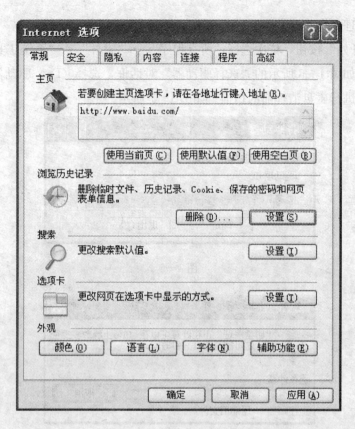

图 1—9

级。然后单击"确定"按钮，完成所有设置。

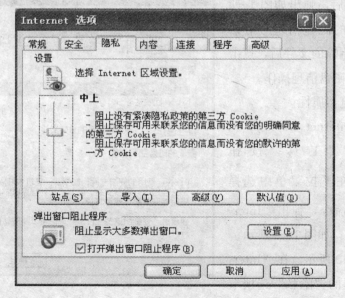

图 1—10

2. 评分项目及标准

| 评分项目 | 评分要点 | 配分 | 评分标准及扣分 |
|---|---|---|---|
| 电源系统连接与检测 | 正确连接 UPS 电源 | 2 分 | 按要求完成得 2 分，否则不得分 |
| 外围设备的连接与应用 | 修改音频设备的属性 | 2 分 | 按要求完成得 2 分，否则不得分 |
| 操作系统安装 | 添加输入法 | 2 分 | 按要求完成得 2 分，否则不得分 |
| 设备综合应用 | 清理磁盘 | 2 分 | 按要求完成得 2 分，否则不得分 |
| 应用程序综合操作 | 修改浏览器属性 | 2 分 | 按要求完成得 2 分，否则不得分 |

【试题 2】

1. 操作步骤及注意事项

（1）连接 UPS 电源。详见【试题 1】

（2）安装调制解调器

1）在"控制面板"中双击  图标，弹出如图 1—11 所示的"添加硬件向导"对

话框，单击"下一步"按钮。

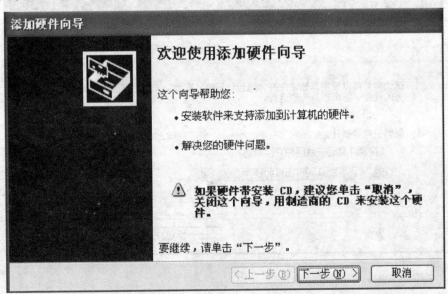

图 1—11

2）如图 1—12 所示，在"已安装的硬件"下拉菜单中选择"添加新硬件设备"，然后
单击下一步。

3）如图 1—13 所示，在"添加硬件向导"对话框中选择"安装我手动从列表选择的硬

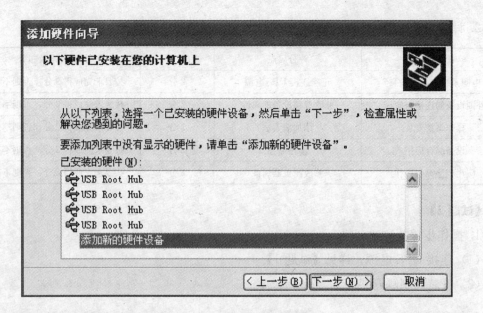

图 1—12

件（高级）"，然后单击下一步。

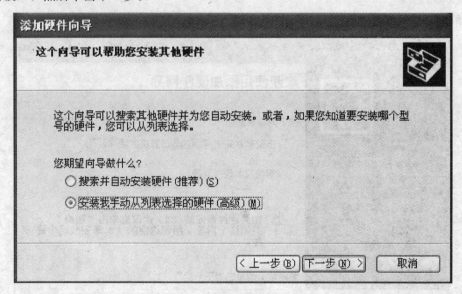

图 1—13

4）如图 1—14 所示，在"常见硬件类型"列表中选择"调制解调器"，然后单击"下一步"。

5）如图 1—15 所示，自定义选择"调制解调器"的型号及端口，然后单击"下一步"，完成调制解调器的安装。

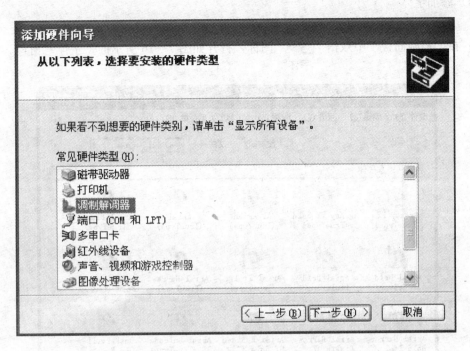

图 1—14

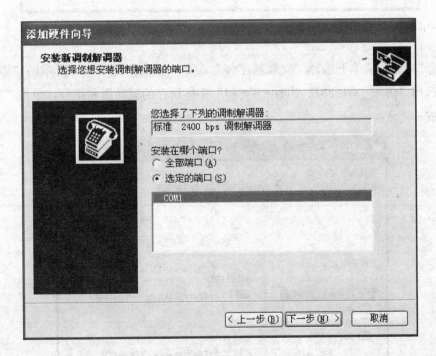

图 1—15

（3）添加字体

1）在"控制面板"中双击 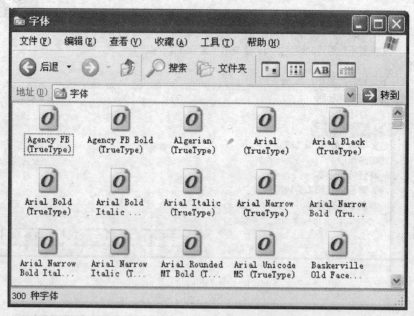 图标，打开如图 1—16 所示的"字体"窗口。

图 1—16

2）在"文件"菜单下选择"安装新字体"命令，弹出如图 1—17 所示的"添加字体"对话框。选择"仿宋＿GB 2312（True Type）"字体所在的驱动器和路径，单击"确定"按钮安装完成。

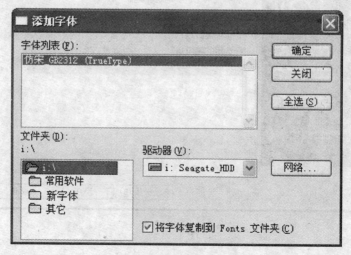

图 1—17

（4）修改磁盘属性

1）在"我的电脑"窗口中用鼠标右键单击（C：）驱动器图标，在快捷菜单中选择"属性"命令，弹出如图 1—18 所示的"本地磁盘（C：）属性"对话框，将本地磁盘（C：）的卷标更改为"学习软件"，并勾选"压缩驱动器以节约磁盘空间"选项，单击"确定"按钮。

2）如图 1—19 所示，在弹出的"确认属性更改"对话框中勾选"仅将更改应用于 C：\"选项。然后点击"确定"按钮，完成属性设置。

（5）修改浏览器属性

1）启动"Internet Explorer 浏览器"，单击"工具"按钮 ⚙ 工具(O) ▾ ，在下拉

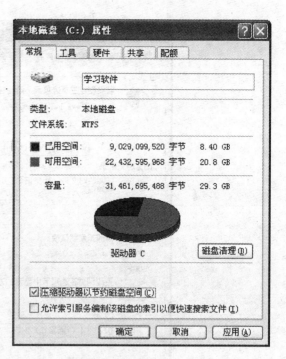

图 1—18

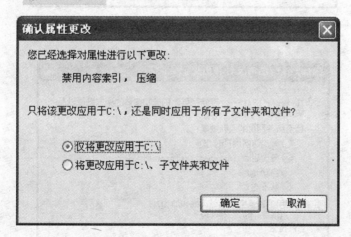

图 1—19

菜单中选择"Internet 选项"命令，弹出"Internet 选项"对话框，如图 1—20 所示。在"主页"设置栏中键入地址：http：//www.baidu.com。然后单击"浏览历史记录"的"设置"按钮。

2）如图 1—21 所示，在"Internet 临时文件和历史记录设置"对话框中将"网页保存在历史记录中的天数"更改为 20 天，然后单击"确定"按钮，完成 Internet 选项的设置。

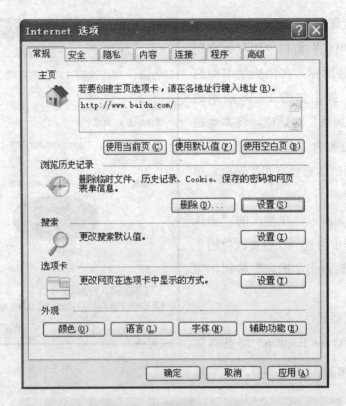

图 1—20

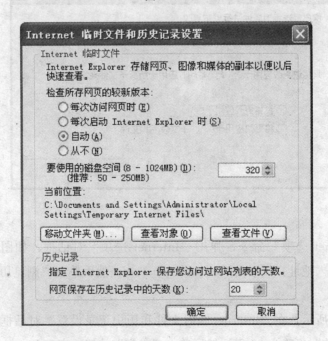

图 1—21

## 2. 评分项目及标准

| 评分项目 | 评分要点 | 配分 | 评分标准及扣分 |
| --- | --- | --- | --- |
| 电源系统连接与检测 | 正确连接 UPS 电源 | 2分 | 按要求完成得2分，否则不得分 |
| 外围设备的连接与应用 | 安装调制解调器 | 2分 | 按要求完成得2分，否则不得分 |
| 操作系统安装 | 添加字体 | 2分 | 按要求完成得2分，否则不得分 |
| 设备综合应用 | 修改磁盘属性 | 2分 | 按要求完成得2分，否则不得分 |
| 应用程序综合操作 | 修改浏览器属性 | 2分 | 按要求完成得2分，否则不得分 |

## 【试题 3】

### 1. 操作步骤及注意事项

（1）连接 UPS 电源。详见【试题 1】

（2）修改音频设备的属性

1）在"控制面板"中双击　　　　图标，弹出如图 1—22 所示的"声音和音频设

备属性"对话框，将设备音量调至"高"，并且勾选"将音量图标放入任务栏"选项。

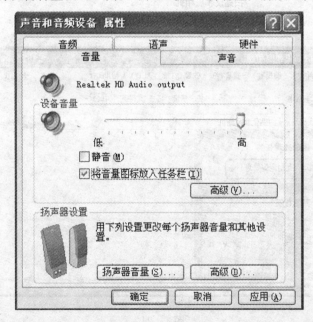

图 1—22

2）单击图 1—22 所示对话框下方的"扬声器音量"设置按钮，弹出如图 1—23 所示的"扬声器音量"对话框，扬声器左音量调至"低"，右音量调至"高"，单击"确定"按钮，

完成"扬声器音量"设置。

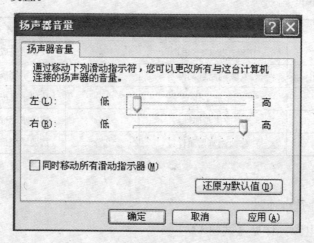

图 1—23

（3）安装扫描仪

1）在"控制面板"中双击 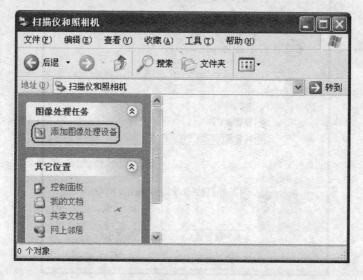 图标，弹出如图 1—24 所示的"扫描仪和照相机"窗口，单击左侧"添加图像处理设备"启动安装向导。

图 1—24

2）在"扫描仪和照相机安装向导"对话框中单击"下一步"按钮，弹出如图 1—25 所示的"厂商和型号选择"窗口，选择厂商为"Nikon"，型号为任意。

3）单击按钮"下一步"，弹出如图 1—26 所示的对话框，在名称编辑框中键入设备名称

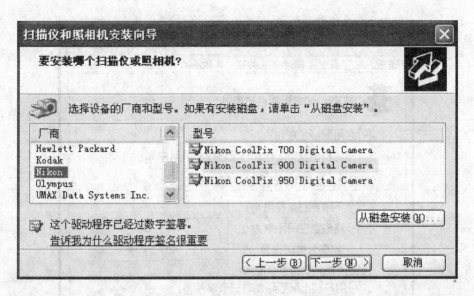

图 1—25

为"考试系统用",单击"下一步"按钮直至完成该设备的安装。

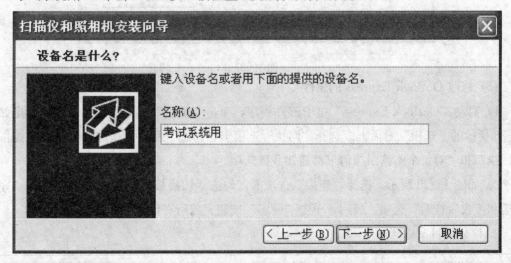

图 1—26

（4）修改磁盘属性

1）在"我的电脑"窗口中用鼠标右键单击（C:）驱动器图标,在快捷菜单中选择"属性"命令,弹出"本地磁盘（C:）属性"对话框。

2）如图 1—27 所示,在"配额"选项卡中启用本地磁盘（C:）的配额管理。将磁盘空间限制为 100 KB,警告等级设置为 50 KB,并在记录选项中勾选"用户超过警告等级时记录事件",设置完成后点击"确定"按钮。

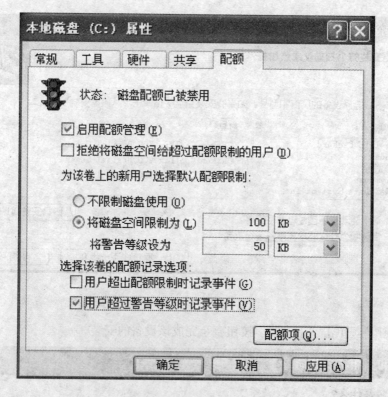

图 1—27

（5）修改 Outlook Express 的属性

1）启动 "Outlook Express" 电子邮件程序，单击 "工具" 的 "选项" 命令，弹出如图 1—28 所示的 "选项" 对话框。选择 "回执" 选项卡，勾选 "所有发送的邮件都要求提供阅读回执" 和 "对每个阅读回执请求都通知我" 选项。

2）如图 1—29 所示，选择 "连接" 选项卡，勾选 "切换拨号连接之前询问" 和 "完成发送和接收后挂断" 选项。最后，单击 "确定" 按钮完成所有设置。

2. 评分项目及标准

| 评分项目 | 评分要点 | 配分 | 评分标准及扣分 |
|---|---|---|---|
| 电源系统连接与检测 | 连接 UPS 电源 | 2分 | 按要求完成得2分，否则不得分 |
| 外围设备的连接与应用 | 修改音频设备的属性 | 2分 | 按要求完成得2分，否则不得分 |
| 操作系统安装 | 安装扫描仪 | 2分 | 按要求完成得2分，否则不得分 |
| 设备综合应用 | 修改磁盘属性 | 2分 | 按要求完成得2分，否则不得分 |
| 应用程序综合操作 | 修改 Outlook Express 的属性 | 2分 | 按要求完成得2分，否则不得分 |

【试题4】

1. 操作步骤及注意事项

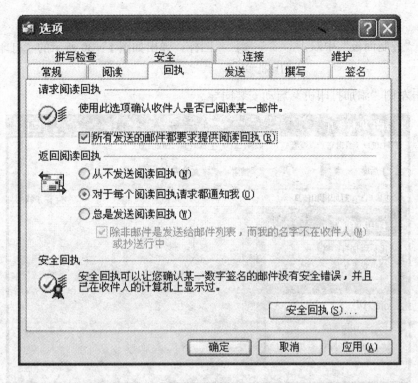

图 1—28

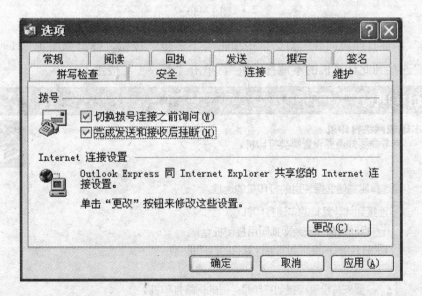

图 1—29

（1）连接 UPS 电源。详见【试题 1】

（2）安装打印机

1）在"控制面板"中双击  图标，弹出如图1—30所示的"打印机和传真"窗口，单击左侧"添加打印机"启动安装向导。

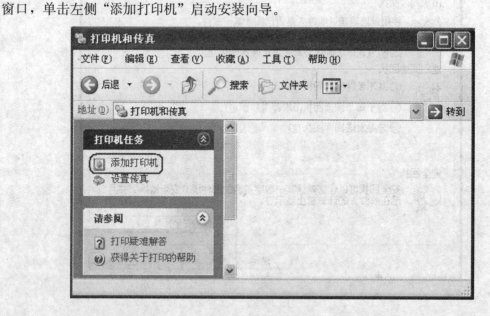

图1—30

2）在"添加打印机向导"对话框中单击"下一步"按钮，弹出如图1—31所示的对话框，选择"连接到此计算机的本地打印机"，单击"下一步"按钮。

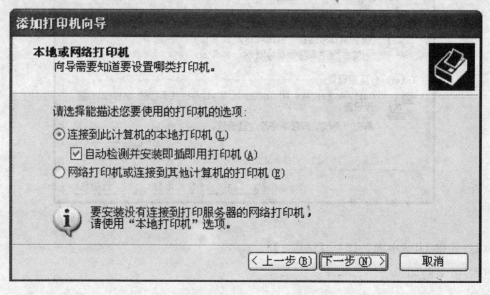

图1—31

3）如图1—32所示，在"添加打印机向导"的选择打印机端口对话框中，选择打印机的端口为"COM1（串行口）"，单击"下一步"按钮。

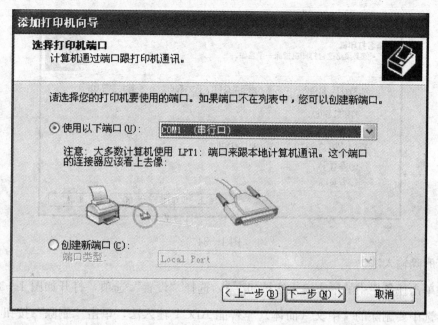

图1—32

4）如图1—33所示，在"添加打印机向导"的制造商和型号对话框中，选择打印机厂商为"Epson"，型号为"EPSON DLQ—1000K"，单击"下一步"按钮。

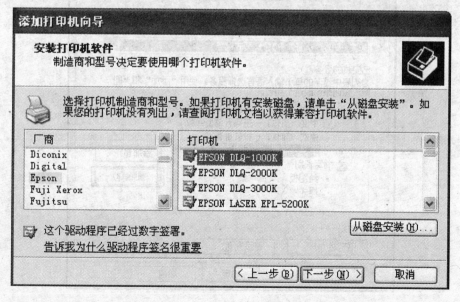

图1—33

5）如图 1—34 所示，在"添加打印机向导"对话框的打印机名称编辑框中键入"DLQ－1000K"，单击"下一步"按钮直至完成打印机安装。

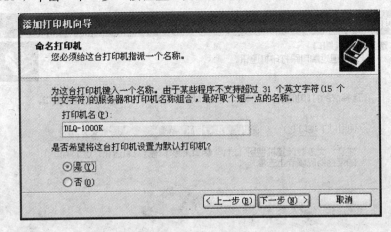

图 1—34

（3）删除输入法

右键单击任务栏中的语言输入法按钮 ，选择"设置"选项，打开如图 1—35 所示的对话框，选中要删除的"中文（简体）－智能 ABC"输入法，单击"删除"按钮。然后单击"确定"按钮即完成该输入法的删除操作。

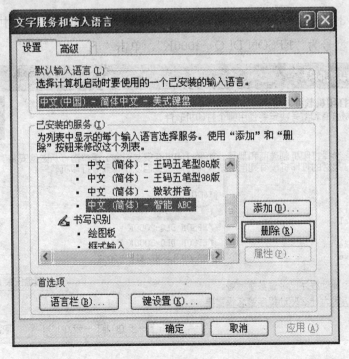

图 1—35

（4）修改磁盘属性

1）在桌面上用鼠标右键单击"我的电脑"图标，在快捷菜单中选择"属性"命令，弹出如图1—36所示的"系统属性"对话框。选择"高级"选项卡，单击"性能"的"设置"按钮。

2）如图1—37所示，在弹出的"性能选项"对话框中选择"高级"选项卡，单击"虚拟内存"的更改按钮。

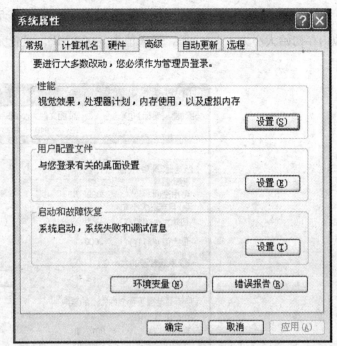

图 1—36

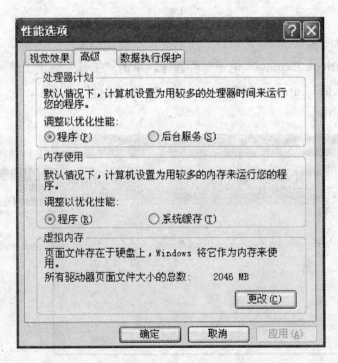

图 1—37

3）如图 1—38 所示，在弹出的"虚拟内存"设置对话框中选择 D 驱动器，自定义其虚拟内存初始大小为 1 500 MB，最大值为 3 000 MB。设置完成后，单击"确定"按钮完成操作。

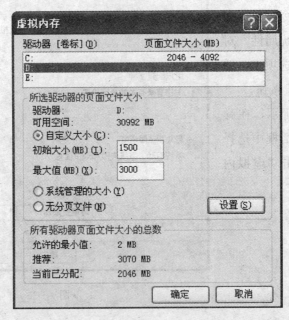

图 1—38

（5）修改 Outlook Express 的属性

1）启动"Outlook Express"电子邮件程序，单击"工具"菜单下的"账号"命令，弹出如图 1—39 所示的"Internet 账户"对话框。选择"邮件"选项卡，在"添加"的子菜单中选择"邮件"选项。

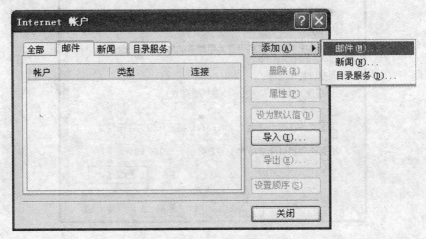

图 1—39

2）如图1—40所示，在"Internet连接向导"的显示名框中键入发件人名称为"中级考生"，单击"下一步"按钮。

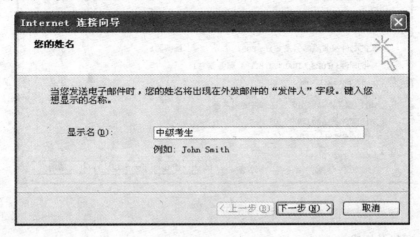

图1—40

3）如图1—41所示，在"Internet连接向导"的电子邮件地址框中键入"someone@hotmail.com"，单击"下一步"按钮。

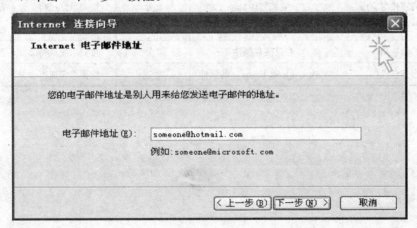

图1—41

4）如图1—42所示，在"Internet连接向导"中分别键入接收和发送电子邮件服务器的地址，单击"下一步"按钮，直至完成账户的创建。

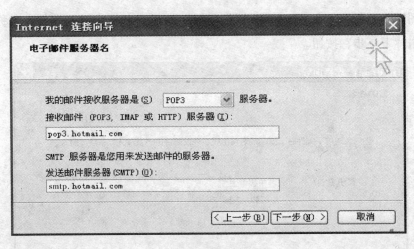

图 1—42

## 2. 评分项目及标准

| 评分项目 | 评分要点 | 配分 | 评分标准及扣分 |
| --- | --- | --- | --- |
| 电源系统连接与检测 | 连接 UPS 电源 | 2分 | 按要求完成得2分，否则不得分 |
| 外围设备的连接与应用 | 安装打印机 | 2分 | 按要求完成得2分，否则不得分 |
| 操作系统安装 | 删除输入法 | 2分 | 按要求完成得2分，否则不得分 |
| 设备综合应用 | 修改磁盘属性 | 2分 | 按要求完成得2分，否则不得分 |
| 应用程序综合操作 | 修改 Outlook Express 的属性 | 2分 | 按要求完成得2分，否则不得分 |

# 第2章 文件管理

## 考 核 要 点

| 考核范围 | 理论知识考核要点 | 操作技能考核要点 |
| --- | --- | --- |
| 文件操作 | 1. 掌握文件（夹）的属性管理<br>2. 掌握数据的备份与还原<br>3. 掌握文件和文件夹的搜索<br>4. 掌握文件的删除与恢复<br>5. 掌握回收站的管理 | 1. 能够进行文件与文件夹的属性管理<br>2. 能够进行文件备份<br>3. 能够查找文件与文件夹<br>4. 能够管理回收站 |
| 文件高级管理 | 1. 掌握关闭简单共享方式的方法<br>2. 掌握硬盘的配额管理<br>3. 掌握共享文件夹的设置<br>4. 掌握文件和文件夹的加密<br>5. 掌握管理员账户的权限<br>6. 掌握 EFS 文件加密方法 | 1. 能够进行文件权限管理<br>2. 能够进行文件夹共享<br>3. 能够对文件和文件夹进行加密处理<br>4. 能够对文件和文件夹进行归档管理 |

## 重点复习提示

### 一、文件操作

#### 1. 文件（夹）的属性管理

（1）查看文件属性

查看文件属性可以采用下列几种方式：

1）选中需要查看的文件，点鼠标右键，然后从快捷菜单内选择"属性"命令。

2）打开"我的电脑"，选中需要查看的文件，单击"文件"菜单，选择"属性"命令。

3）按住键盘上的 Alt 键，双击需要查看的文件或文件夹。

（2）文件属性页的主要内容

例如，选中一个文件"comsetup. log"，打开其对应的"属性"对话框。

41

1）对话框中第一横栏中显示的是该文件的名称及图标，用户可以在名称框中改变文件的名称。

2）第二横栏显示的是该文件的"类型"和"打开方式"。文件类型一般由文件的扩展名决定，它决定了用户能够对该文件进行何种动作。打开方式决定了系统的默认打开方式，如果要改变该文件的打开方式，可以单击其右边的"更改"按钮，打开"打开方式"窗口。

在应用程序列表中，选中希望用来打开这种文档的应用程序。若列表中没有想要的程序名，可以单击"浏览"按钮，手动寻找该可执行文件。如果希望一直使用该应用程序打开此类文件，可激活"始终使用该程序打开这些文件"复选框。

3）第三横栏显示的是该文件的"位置""大小"和"占用空间"。位置是文件在磁盘中存放的文件夹；大小表示文件的实际大小；占用空间表示文件在磁盘中实际占用的物理空间。

4）第四横栏显示的是文件的"创建时间""修改时间"和"访问时间"等信息。

5）第五横栏内列出了文件的基本属性。设置"只读"复选框，则该文件只能够读取，不能被修改或删除；"隐藏"复选框可以使文件不在文件列表内显示出来；"存档"复选框可以设置文件是否含有存档属性，多数情况下该属性不需要设置。

（3）文件夹选项的设置

在文件夹窗口中打开"工具"菜单，选择"文件夹选项"，弹出对话框后单击"查看"选项卡。

窗口上半部的两个按钮用于设置所有文件夹的公共视图。预先设置好当前文件夹的外观形式，然后单击"应用到所有文件夹"按钮，则系统将当前的文件夹外观形式应用到所有文件夹。如需恢复到缺省的文件夹视图，可以单击"重置所有文件夹"按钮。

（4）自定义文件夹的查看属性

如果自定义某个文件夹的查看属性，可以在打开该文件夹窗口后，选择"查看"菜单的"选择详细信息"命令，屏幕将弹出"选择详细信息"对话框，在其中可以设置需要在"详细信息"方式下显示的文件信息。

**2. 数据的备份与还原**

Windows XP 中的"备份"工具可以帮助用户保护数据，以防其在系统硬件或存储介质出现故障时受到破坏。

（1）备份数据

1）单击"开始"按钮，依次选择"所有程序"→"附件"→"系统工具"→"备份"命令，打开"备份或还原向导"对话框。

2）单击"下一步"按钮，打开"备份或还原向导"对话框，在其中可以选择备份文件和设置，还是还原已经备份的文件和设置。在这里，选择"备份文件和设置"单选按钮。

3）单击"下一步"按钮，选择"让我选择要备份的内容"单选按钮。

4）单击"下一步"按钮，通过选中复选框来指定要备份的文件或文件夹。

5）单击"下一步"按钮，指定备份文件的名称以及保存的位置。

6）单击"下一步"按钮，可以查看先前完成的备份设置，如果有错误，则可以单击"上一步"按钮进行修改。

7）单击"下一步"按钮，显示备份的进度情况。

8）单击"关闭"按钮，即可完成数据备份的操作。

（2）还原文件

双击备份文件的图标 ，打开"备份或还原向导"对话框。按照提示完成还原文件的操作。

**3. 文件和文件夹的搜索**

Windows XP 提供了"搜索"工具，供用户查找文件或文件夹。

（1）从"文件"菜单中选择"搜索"命令，或者单击任务栏的"开始"按钮，在"开始"菜单中选择"搜索"命令，打开"搜索结果"窗口。

（2）根据搜索需求，确定"全部或部分文件名""在这里寻找""什么时候更改的"等相关文本框的参数或文字，单击"搜索"按钮，完成搜索工作。

（3）在搜索之前，用户可以选择搜索范围和规定搜索标准，可以根据名称、类型、大小、时间等查找，甚至还可以根据所要查找文件内容中包含的文字查找。

（4）通配符是指键盘上的星号（＊）和问号（?）。在查找文件或文件夹时，使用通配符来代替文件名的一个或多个字符。

星号（＊）通配符可以代替文件或文件夹名中的一个乃至多个字符。

问号（?）通配符只能代替文件名中的一个字符。

**4. 文件的删除与恢复**

（1）删除文件

1）选定要删除的文件或文件夹，使其反白显示。

2）在"文件"菜单中选择"删除"命令，或者按下快捷键 Del。

3）系统弹出"确认文件删除"对话框，选择"是（Y）"按钮，可将删除的文件放入回收站，选择"否（N）"按钮取消删除操作。

（2）恢复回收站中的文件

1）双击"回收站"图标，打开"回收站"窗口。窗口中列出了被删除的文件。

2）选择要恢复的文件，使其反白显示。

3）在"文件"菜单中选择"还原"命令，或者单击窗口左方的"还原选定的项目"命令，即可恢复选中的文件和文件夹。

**5. 回收站的管理**

（1）清空回收站的文件

清除回收站的文件，可以永久性删除这些文件，不能恢复。

1）全部清空。打开回收站窗口，从"文件"菜单内选择"清空回收站"命令，或者单击窗口左方的"清空回收站"命令，可将回收站的所有文件全部清除。

2）清除指定的文件和文件夹。在回收站窗口内选择要删除的文件和文件夹，然后选择"文件"菜单内的"删除"命令，清除选定的文件和文件夹。

（2）回收站的设置

回收站在每个驱动器上都要为被删除文件准备保存空间。若要调整回收站保存被删除文件所用磁盘空间的大小，可以右击桌面上的回收站图标，从快捷菜单内选择"属性"命令进行设置。

## 二、文件高级管理

**1. 关闭简单共享方式的方法**

Windows XP默认采用的是文件简单共享方式，这种方式下无法为文件夹或文件设置访问权限。如果要为文件和文件夹单独设置访问权限，首先要关闭文件简单共享方式。其操作步骤如下：

（1）打开文件夹窗口，选择"工具"菜单下的"文件夹选项"命令，屏幕弹出"文件夹选项"对话框。

（2）单击"查看"选项卡，将"使用简单文件共享"前的复选框勾除。

（3）单击"确定"按钮，关闭对话框。

**2. 硬盘的配额管理**

可以通过限制不同用户能使用的具体磁盘空间来加强计算机管理。例如，限制example用户在E盘的可使用硬盘空间为1 GB，则其操作步骤如下：

（1）打开"我的电脑"窗口，在E盘驱动器图标上单击鼠标右键，在弹出的快捷菜单中选择"属性"命令，屏幕弹出对应的驱动器属性对话框。

（2）选择"配额"选项卡，在其选中"启用配额管理"复选框。如果想严格控制用户可使用的磁盘空间，可选择"将磁盘空间限制为"单选按钮，并设置相关数字。

（3）如果要为指定的用户和组设置配额，则可以单击"配额项"按钮，屏幕将弹出磁盘配额项目窗口。

（4）选择"配额"菜单下的"新建配额项"命令，弹出"选择用户"对话框，在其中选择要设置配额项的用户和组。

（5）单击"确定"按钮后，屏幕弹出"添加新配额项"对话框，在其中设置配额的大小。比如，将磁盘空间设置为 1 GB。

（6）单击"确定"按钮，即可完成新配额项目的设置。

### 3. 共享文件夹的设置

（1）利用 Shared Documents 共享文件夹

系统提供的共享文件夹被命名为"Shared Documents"，双击"我的电脑"图标，在"我的电脑"窗口中可看到该共享文件夹。若用户想将某文件或文件夹与其他用户共享，可将其复制到"Shared Documents"共享文件夹中即可。

（2）利用文件夹属性共享文件夹

1）选定需要设置共享的文件夹。

2）选择"文件"菜单的"共享和安全"命令，或单击鼠标右键，在弹出的快捷菜单中选择"共享和安全"命令。屏幕将弹出该文件夹属性设置对话框。

3）在"共享"选项卡的"网络共享和安全"栏中，选中"在网络上共享这个文件夹"复选框，这时"共享名"文本框和"允许网络用户更改我的文件"复选框变为可用状态。

4）设置完毕后，单击"应用"按钮或"确定"按钮即可。

（3）共享文件夹的属性

用户可以在"共享名"文本框中更改该共享文件夹的名称。若清除"允许网络用户更改我的文件"复选框，则其他用户只能看该共享文件夹中的内容，而不能对其进行修改。在"共享名"文本框中更改的名称是其他用户连接到此共享文件夹时将看到的名称，文件夹的实际名称并没有改变。

### 4. 文件和文件夹的加密

在单机多用户环境下，各用户对自己的专有文件夹（即"××的文档"）拥有完全控制的权限。在系统采用简单共享文件方式时，用户还可以在文件夹属性对话框的"共享"选项卡下，将某文件夹设置为自己的"专有文件夹"，以保护私人资料。但是，虽然一般用户不能访问受到保护的文件，却不能阻止计算机管理员的访问，因此对于重要的私人资料需要通过 EFS 文件加密功能来保护。

### 5. 管理员账户的权限

计算机管理员可删除任何文件，包括别人的加密文件。

**6. EFS 文件加密方法**

（1）右击要保护的文件或文件夹，选择"属性"命令，屏幕弹出该文件夹属性设置对话框。

（2）单击"高级"按钮，弹出"高级属性"对话框，选中"加密内容以便保护数据"复选框。

（3）单击"确定"按钮，屏幕弹出"确认属性更改"对话框，询问是加密文件夹还是加密文件夹及其下的所有内容。

（4）单击"确定"按钮，完成加密操作。

被加密的文件或文件夹名以绿色显示。其他用户（包括计算机管理员）没有打开这些文件的权限。

# 理论知识辅导练习题

**一、判断题**（下列判断正确的请在括号内打"√"，错误的请在括号内打"×"）

1. 查看某一文件的属性有三种方法。　　　　　　　　　　　　　　　　　（　　）

2. 文件类型一般由文件的文件名决定。　　　　　　　　　　　　　　　　（　　）

3. 在文件属性页中，占用空间指的是该文件在磁盘中实际占用的物理空间。（　　）

4. 为了防止某些重要的文件被修改，可以将文件设置为只读属性。　　　　（　　）

5. 选中"在标题栏显示完整路径"复选框，则该文件夹窗口的标题栏上将显示当前文件夹的名字。　　　　　　　　　　　　　　　　　　　　　　　　　　　　（　　）

6. 单击"还原默认图标"按钮表示用文件夹中最后修改的五个图像来标识该文件夹。
　　　　　　　　　　　　　　　　　　　　　　　　　　　　　　　　　（　　）

7. "备份"工具可以用来保护数据。　　　　　　　　　　　　　　　　　　（　　）

8. 单击"开始"，依次选择"所有程序"→"附件"→"辅助工具"→"备份"可以打开"备份或还原向导"对话框。　　　　　　　　　　　　　　　　　　　　　（　　）

9. Windows 提供了"搜索"工具供用户查找文件和操作系统。　　　　　　（　　）

10. 查找文件时，不能根据文件的打开方式进行查找。　　　　　　　　　　（　　）

11. 查找文件时使用的通配符指的是键盘上的 ＊ 号和 ♯ 号。　　　　　　　（　　）

12. ＊ 号可以代替文件或文件夹名中的一个或多个字符。　　　　　　　　　（　　）

13. 回收站中的文件不可以恢复。　　　　　　　　　　　　　　　　　　　（　　）

14. Delete 键不能用来删除文件。　　　　　　　　　　　　　　　　　　　（　　）

15. 清空回收站将删除回收站内的所有文件。　　　　　　　　　　　　　　（　　）

16. 回收站在每个驱动器上都要为被删除文件准备保存空间。 （　　）

17. "××的文档"是用户共有的文件夹。 （　　）

18. Windows XP 默认采用的是文件简单共享方式。 （　　）

19. 简单共享方式可以为文件夹或文件设置访问权限。 （　　）

20. 可以对所有用户或者单个用户启用磁盘配额，并启用磁盘配额警告和限制。 （　　）

21. 更改文件夹共享名时会更改文件夹的实际名称。 （　　）

22. 使用 EFS 文件加密功能不可以加密文件夹及其下的所有内容。 （　　）

23. 加密完成后，被加密的文件或文件夹名以红色显示。 （　　）

24. 使用 EFS 文件加密功能加密后的文件，管理员可以删除。 （　　）

二、单项选择题（下列每题有 4 个选项，其中只有 1 个是正确的，请将其代号填写在横线空白处）

1. 要查看某一文件的属性有＿＿＿＿方法。

　　A. 一种　　　　　　　　　　　B. 两种

　　C. 三种　　　　　　　　　　　D. 四种

2. 在文件的属性页中，除了可以更改文件的文件名外，还可以更改＿＿＿＿。

　　A. 大小　　　　　　　　　　　B. 修改时间

　　C. 创建时间　　　　　　　　　D. 打开方式

3. 文件类型一般由文件的＿＿＿＿决定。

　　A. 文件名　　　　　　　　　　B. 位置

　　C. 大小　　　　　　　　　　　D. 扩展名

4. ＿＿＿＿决定了系统将默认使用哪个应用程序来打开该文件。

　　A. 扩展名　　　　　　　　　　B. 文件名

　　C. 打开方式　　　　　　　　　D. 文件性质

5. ＿＿＿＿决定了用户能够对该文件进行何种动作。

　　A. 文件类型　　　　　　　　　B. 文件大小

　　C. 文件图标　　　　　　　　　D. 文件位置

6. 以下不是文件属性第三栏所显示的内容的是＿＿＿＿。

　　A. 位置　　　　　　　　　　　B. 大小

　　C. 占用空间　　　　　　　　　D. 文件类型

7. 在文件属性页中，大小指的是该文件的＿＿＿＿。

　　A. 实际大小　　　　　　　　　B. 占用的空间

　　C. 物理空间　　　　　　　　　D. 以上都不对

8. 在文件属性页中，占用空间指的是该文件在磁盘中实际占用的_____。

    A. 大小                              B. 物理空间

    C. 逻辑空间                          D. 以上都不对

9. 以压缩的方式存放的文件所占用的空间可能_____文件实际大小。

    A. 大于                               B. 等于

    C. 小于                               D. 大于或等于

10. 以下不是文件属性第四栏所显示的内容的是_____。

    A. 修改时间                         B. 更新时间

    C. 访问时间                         D. 创建时间

11. 以下不是文件属性第五栏内列出的内容的是_____。

    A. 加密                               B. 隐藏

    C. 存档                               D. 只读

12. 为了防止某些重要的文件被修改可以将文件设置为_____属性。

    A. 加密                               B. 存档

    C. 只读                               D. 隐藏

13. 文件的只读属性指的是该文件只能够_____。

    A. 删除                               B. 修改

    C. 读写                               D. 读取

14. 设置为只读属性的文件不能够被_____。

    A. 隐藏                               B. 修改

    C. 读取                               D. 以上都不是

15. 文件的_____属性指的是该文件的图标不显示出来，但该文件仍然是存在的。

    A. 隐藏                               B. 存档

    C. 读取                               D. 隐蔽

16. 系统的某些备份程序将根据文件的_____属性来确定是否为其建立一个备份。

    A. 只读                               B. 存档

    C. 读写                               D. 隐藏

17. 用户_____选中多个文件后，查看其属性。

    A. 不可以                          B. 可以

    C. 一般不可以                       D. 不允许

18. 文件夹的全路径不包括_____。

    A. 驱动器                             B. 父文件夹

C. 名字
D. 子文件夹

19. 选中"在标题栏显示完整路径"复选框，则该文件夹窗口的标题栏上将显示当前文件夹的_____。

A. 全路径
B. 相对路径

C. 全名
D. 位置

20. 不选中"在标题栏显示完整路径"复选框，则该文件夹窗口的标题栏上将显示当前文件夹的_____。

A. 全路径
B. 位置

C. 相对路径
D. 名字

21. 单击"还原默认图标"按钮表示用文件夹中_____的四个图像来标识该文件夹。

A. 最先修改
B. 最后修改

C. 中间修改
D. 随机

22. 通过以下方法不可以设置文件夹外观的是_____。

A. 选择文件夹模板
B. 选择文件夹图片

C. 更改文件夹图标
D. 更改文件夹名字

23. 为了防止数据在系统硬件或存储介质出现故障时受到破坏，一般采用_____。

A. "安全中心"工具
B. "磁盘清理"工具

C. "磁盘碎片整理"工具
D. "备份"工具

24. 备份的存档副本用于_____。

A. 恢复数据
B. 更新数据

C. 加密数据
D. 压缩数据

25. 以下步骤可以打开"备份或还原向导"对话框的是_____。

A. "开始"→"所有程序"→"附件"→"系统工具"→"备份"

B. "开始"→"所有程序"→"启动"→"系统工具"→"备份"

C. "开始"→"所有程序"→"附件"→"辅助工具"→"备份"

D. "开始"→"所有程序"→"附件"→"管理工具"→"备份"

26. Windows XP 提供了_____供用户查找文件或文件夹。

A. "运行"工具
B. "搜索"工具

C. "备份"工具
D. "系统"工具

27. 查找文件时，可以根据文件的名称、类型、大小、_____等进行查找。

A. 属性
B. 所属用户

C. 时间
D. 打开方式

28. 在"开始"菜单中选择"＿＿＿＿＿＿"命令，可以打开搜索结果对话框。

    A. 搜查                               B. 查询

    C. 查找                               D. 搜索

29. 查找文件时使用的通配符指的是键盘上的＿＿＿＿＿＿和＿＿＿＿＿＿。

    A. ＊   ～                           B. ＃   ＊

    C. ＃   ？                           D. ＊   ？

30. ＊号可以代替文件或文件夹名中的＿＿＿＿＿＿字符。

    A. 一个                               B. 一个或多个

    C. 二个                               D. 三个

31. ？号可以代替文件或文件夹名中的＿＿＿＿＿＿字符。

    A. 一个                               B. 一个或多个

    C. 二个                               D. 三个

32. ＿＿＿＿＿＿用来存放被用户删除的文件。

    A. 回收站                            B. 我的电脑

    C. 网上邻居                        D. 我的文档

33. 回收站中的文件＿＿＿＿＿＿恢复。

    A. 不可以                            B. 都可以

    C. 有的可以                        D. 有的不可以

34. 以下操作不能彻底删除文件的是＿＿＿＿＿＿。

    A. 将文件放入回收站后清空回收站       B. 将回收站中的文件删除

    C. 将文件放入回收站                 D. 使用 Shift＋Delete 键

35. 对选中的文件，可以按＿＿＿＿＿＿进行删除。

    A. Delete 键                        B. Shift 键

    C. Ctrl 键                          D. Alt 键

36. 可以通过直接将选中的文件图标拖拽到＿＿＿＿＿＿的图标上的方法来删除文件。

    A. 我的文档                         B. 回收站

    C. 我的电脑                        D. 网上邻居

37. 以下说法正确的是＿＿＿＿＿＿。

    A. Ctrl 键可以用来删除文件            B. 回收站中的文件不可恢复

    C. 系统文件不能删除                 D. Delete 键可以用来删除文件

38. 直接在回收站拖拽选中的文件到某一驱动器或文件夹窗口中可以＿＿＿＿＿＿文件。

    A. 删除                              B. 备份

C. 恢复　　　　　　　　　　　　　D. 彻底删除

39. 清空回收站，将_____地把文件删除。

    A. 永久性　　　　　　　　　　　B. 暂时性

    C. 随机性　　　　　　　　　　　D. 临时性

40. _____指的是将回收站的所有文件一次全部清除。

    A. 清空临时文件　　　　　　　　B. 清空文件夹

    C. 清空文件　　　　　　　　　　D. 清空回收站

41. 回收站在每个驱动器上都要为被删除文件准备_____。

    A. 保存空间　　　　　　　　　　B. 空闲文件夹

    C. 预留空间　　　　　　　　　　D. 以上都不对

42. 用户对自己独有的文件夹拥有_____的权限。

    A. 完全控制　　　　　　　　　　B. 只读

    C. 执行　　　　　　　　　　　　D. 读取

43. "××的文档"是系统为_____建立的。

    A. 所有用户　　　　　　　　　　B. 管理员

    C. 备份操作员　　　　　　　　　D. 每个用户

44. "××的文档"是用户_____的文件夹。

    A. 共有　　　　　　　　　　　　B. 独有

    C. 拥有　　　　　　　　　　　　D. 仅有

45. 如果使用_____登录，"我的电脑"窗口中可看到所有用户的"××的文档"文件夹。

    A. USER 用户　　　　　　　　　B. 管理员用户

    C. GUEST 用户　　　　　　　　D. USER 组中的任何用户

46. Windows XP 默认采用的是文件_____。

    A. 简单共享方式　　　　　　　　B. 复杂共享方式

    C. 分布式共享方式　　　　　　　D. 集中式共享方式

47. _____无法为文件夹或文件设置访问权限。

    A. 分布式共享方式　　　　　　　B. 复杂共享方式

    C. 简单共享方式　　　　　　　　D. 集中式共享方式

48. 在 Windows XP 中，如果要为文件和文件夹单独设置访问权限，首先要关闭文件的_____。

    A. 复杂共享方式　　　　　　　　B. 简单共享方式

    C. 分布式共享方式　　　　　　　D. 集中式共享方式

49. 通过限制不同_____可使用的具体磁盘空间可以加强计算机管理。

    A. 用户                           B. 组

    C. 域                             D. 网段

50. "Shared Documents" 是系统提供的_____。

    A. 共享文件夹                      B. 安全文件夹

    C. 共享文档                        D. 共享文本

51. 文件夹共享时，若清除"允许其他用户更改我的文件"复选框则其他用户_____。

    A. 只能看该共享文件夹中的内容，而不能对其进行修改

    B. 能看该共享文件夹中的内容，也能对其进行修改

    C. 不能看该共享文件夹中的内容，能对其进行修改

    D. 以上都不对

52. 用户可以在"_____"文本框中更改该共享文件夹的名称。

    A. 共享名                         B. 网络共享

    C. 网络安全                       D. 共享

53. _____是其他用户连接到此共享文件夹时将看到的名称。

    A. 安全名                         B. 用户名

    C. 文件名                         D. 共享名

54. 更改文件夹共享名时_____更改文件夹的实际名称。

    A. 会                             B. 不一定会

    C. 不会                           D. 以上都不对

55. 在文件夹属性中，对于重要的私人资料还可以通过_____文件加密功能来保护。

    A. EFS                           B. EPS

    C. NTFS                          D. WPS

56. 使用 EFS 文件加密功能加密文件一般分为_____步骤。

    A. 三个                           B. 四个

    C. 五个                           D. 六个

57. 使用 EFS 文件加密功能_____加密文件夹及其下的所有内容。

    A. 可以                           B. 不可以

    C. 有的可以                       D. 以上都不对

58. 要加密某文件夹，必须先_____要加密的文件或文件夹，选择"属性"命令。

    A. 双击                           B. 单击

    C. 左击                           D. 右击

59. 在文件夹的属性对话框中，单击_____按钮，弹出"高级属性"对话框。

    A. 共享
                  B. 自定义

    C. 高级
                  D. 常规

60. 加密完成后，被加密的文件或文件夹名以_____显示。

    A. 红色
                  B. 蓝色

    C. 绿色
                  D. 黄色

61. 使用 EFS 文件加密功能加密后的文件，_____。

    A. 管理员可以打开
        B. 管理员不能打开

    C. 任何用户都可以打开
        D. 任何用户都不能打开

62. 使用 EFS 文件加密功能加密后的文件，_____。

    A. 管理员可以删除
        B. 管理员不能删除

    C. 任何用户都可以删除
        D. 任何用户都不能删除

# 操作技能辅导练习题

## 【试题 1】

1. 考核要求

（1）修改文件夹属性

将 C：\ Documents and Settings 文件夹设置为只读属性，且隐藏该文件，并将此更改应用于该文件夹、子文件夹和文件。

（2）设置文件夹管理权限

在桌面新建一个文件夹，命名为"考生目录"。设置 Administrator 享有"列出文件夹目录""读取""写入"的权限。

2. 考核时限

完成本题操作基本时间为 5 min；每超过 1 min 从本题总分中扣除 20%，操作超过 15 min 本题零分。

## 【试题 2】

1. 考核要求

（1）文件备份

将"我的文档和设置"保存备份到考试机上的最后一个磁盘，备份的名称为"C 盘文件备份"。

（2）文件夹共享

将"我的文档"设置为共享，共享名为"考生文档"，"允许的用户数量"限制为5。

2. 考核时限

完成本题操作基本时间为 5 min；每超过 1 min 从本题总分中扣除 20%，操作超过 15 min 本题零分。

**【试题 3】**

1. 考核要求

（1）查找文件

查找 C 驱动器中在 2009 年 1 月 21 日至 2009 年 6 月 21 日这段时间内访问过的、大小至多为 200 KB、扩展名为".dll"的所有文件。

（2）加密文件夹

将 C：\ WINDOWS 文件夹进行"加密内容以便保护数据"，且只加密文件。

2. 考核时限

完成本题操作基本时间为 5 min；每超过 1 min 从本题总分中扣除 20%，操作超过 15 min 本题零分。

**【试题 4】**

1. 考核要求

（1）回收站管理

设置回收站的全局为独立配置驱动器，不显示删除确认对话框；设置本地磁盘（D:）的回收站最大空间为 15%。

（2）文件夹共享

将"本地磁盘（D:）"设置为共享，用户数限制设置为"允许最多用户"。

2. 考核时限

完成本题操作基本时间为 5 min；每超过 1 min 从本题总分中扣除 20%，操作超过 15 min 本题零分。

# 参考答案
## 理论知识辅导练习题参考答案

**一、判断题**

1. √　2. ×　3. √　4. √　5. ×　6. ×　7. √　8. ×　9. ×　10. √　11. ×　12. √

13. ×　14. ×　15. √　16. √　17. ×　18. √　19. ×　20. √　21. ×　22. ×　23. ×

24. √

**二、单项选择题**

1.C　2.D　3.D　4.C　5.A　6.D　7.A　8.B　9.C　10.B　11.A　12.C　13.D
14.B　15.A　16.B　17.B　18.D　19.A　20.D　21.B　22.D　23.D　24.A　25.A
26.B　27.C　28.D　29.D　30.B　31.A　32.A　33.B　34.C　35.A　36.B　37.D
38.C　39.A　40.D　41.A　42.A　43.D　44.B　45.B　46.A　47.C　48.B　49.A
50.A　51.A　52.B　53.D　54.C　55.A　56.B　57.A　58.D　59.C　60.C　61.B
62.A

# 操作技能辅导练习题参考答案

**【试题 1】**

1. 操作步骤及注意事项

（1）修改文件夹属性

1）打开"我的电脑"窗口双击本地磁盘（C:），找到 Documents and Settings 文件夹，鼠标右键单击该文件夹，在弹出的快捷菜单中选择"属性"命令，弹出如图 2—1 所示的"Documents and Settings 属性"对话框。勾选属性栏中的"只读"和"隐藏"属性后单击"确定"按钮。

图 2—1

2）如图2—2所示，在弹出的"确认属性更改"对话框中勾选"将此更改应用于该文件夹、子文件夹和文件"选项，单击"确定"按钮，完成文件夹属性的修改。

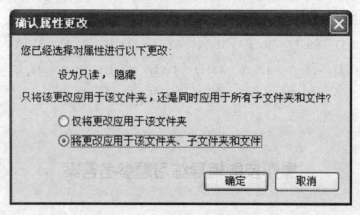

图2—2

（2）设置文件夹管理权限

1）在桌面新建一个名为"考生目录"的文件夹，鼠标右键单击该文件夹，在弹出的快捷菜单中选择"属性"命令，弹出如图2—3所示的"考生目录属性"对话框。

图2—3

2）进入"安全"选项卡，在组或用户名称栏中选择Administrator用户，在"允许权限"栏中勾选"列出文件夹目录""读取""写入"权限，单击"确定"按钮完成文件夹管理权限的设置。

注：若打开文件属性对话框后，未显示"安全"选项卡，则需要先在"文件夹选项"设置中关闭文件简单共享方式。

2. 评分项目及标准

| 评分项目 | 评分要点 | 配分 | 评分标准及扣分 |
| --- | --- | --- | --- |
| 文件操作 | 修改文件夹属性 | 3分 | 按要求完成得 3 分，否则不得分 |
| 文件高级管理 | 设置文件夹管理权限 | 2分 | 按要求完成得 2 分，否则不得分 |

【试题 2】

1. 操作步骤及注意事项

（1）文件备份

1）单击"开始"按钮，依次选择"所有程序"→"附件"→"系统工具"→"备份"命令，弹出如图 2—4 所示的"备份或还原向导"对话框。单击"下一步"按钮，在"要做什么"中选择"备份文件和设置"，继续单击"下一步"按钮。

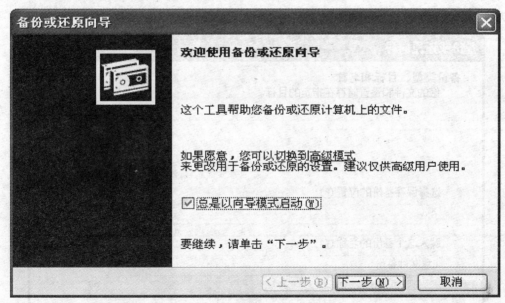

图 2—4

2）如图 2—5 所示，在"要备份什么"选项中选择"我的文档和设置"，继续单击"下一步"按钮。

3）如图 2—6 所示，将保存备份的位置选择为考试机上的最后一个磁盘，备份的名称设

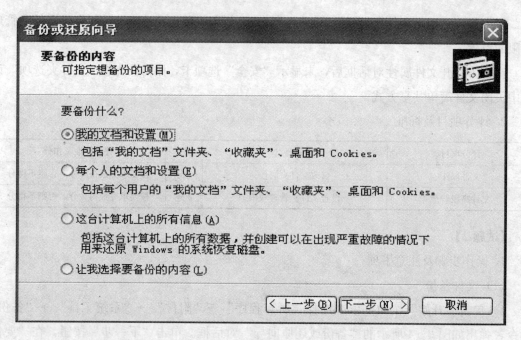

图 2—5

置为"C盘文件备份"，继续单击"下一步"按钮。

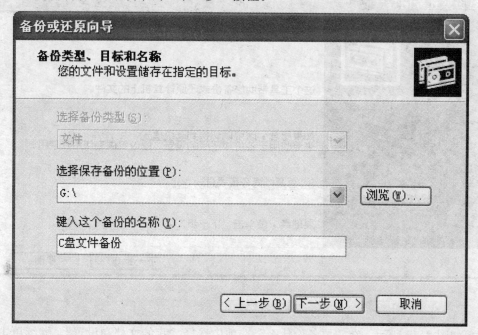

图 2—6

4) 如图 2—7 所示，核对红色框中信息后，单击"完成"按钮，完成文件备份操作。

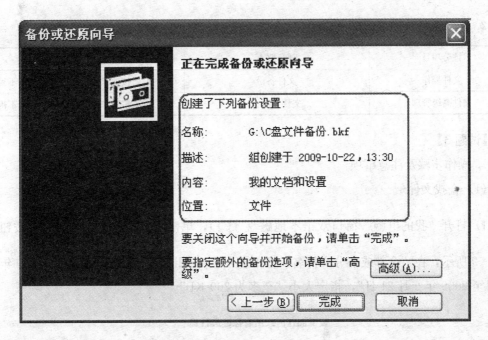

图 2—7

（2）文件夹共享

1）鼠标右键单击"我的文档"文件夹，在弹出的快捷菜单中选择"属性"命令，弹出如图 2—8 所示的"我的文档属性"对话框。

2）进入"共享"选项卡后，选中"共享此文件夹"单选按钮，在"共享名"文本框中录入"考生文档"，将允许的用户数量调整为"5"，单击"确定"按钮完成文件夹共享的设置。

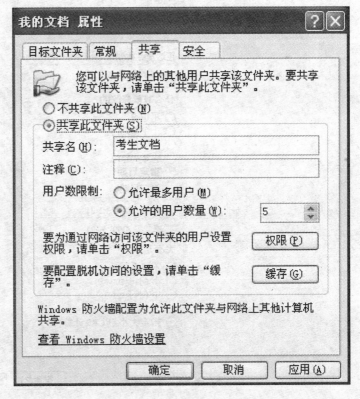

图 2—8

2. 评分项目及标准

| 评分项目 | 评分要点 | 配分 | 评分标准及扣分 |
|---|---|---|---|
| 文件操作 | 文件备份 | 3分 | 按要求完成得3分，否则不得分 |
| 文件高级管理 | 文件夹共享 | 2分 | 按要求完成得2分，否则不得分 |

【试题3】

1. 操作步骤及注意事项

（1）查找文件

1）打开"我的电脑"窗口双击本地磁盘（C:），单击工具栏中的 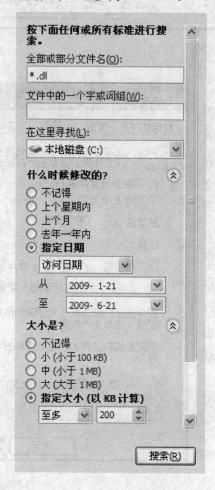 搜索 按钮。如

图2—9所示，在"全部或部分文件名"框中键入"＊.dll"，指定访问日期为"2009年1月21日至2009年6月21日"，指定大小"至多为200 KB"。

图2—9

2）单击"确定"按钮，开始搜索工作。

（2）加密文件夹

1）打开"我的电脑"窗口双击本地磁盘（C:），找到 WINDOWS 文件夹，鼠标右键单击该文件夹，在弹出的快捷菜单中选择"属性"命令，弹出如图 2—10 所示的"WINDOWS 属性"对话框，然后单击"高级"按钮。

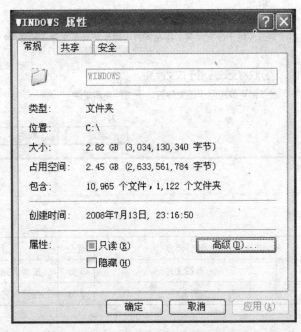

图 2—10

2）如图 2—11 所示，勾选"加密内容以便保护数据"复选框，单击"确定"按钮。

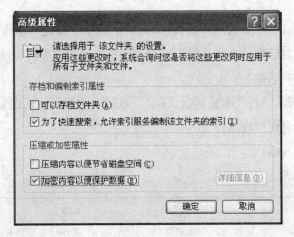

图 2—11

3）如图 2—12 所示，在弹出的"确认属性更改"对话框中，点击"仅将更改应用于该文件夹"单选按钮，单击"确定"按钮完成文件夹加密操作。

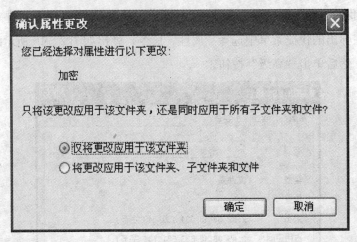

图 2—12

## 2. 评分项目及标准

| 评分项目 | 评分要点 | 配分 | 评分标准及扣分 |
|---|---|---|---|
| 文件操作 | 查找文件 | 3分 | 按要求完成得3分，否则不得分 |
| 文件高级管理 | 加密文件夹 | 2分 | 按要求完成得2分，否则不得分 |

## 【试题 4】

### 1. 操作步骤及注意事项

（1）回收站管理

1）鼠标右键单击回收站，在弹出的快捷菜单中选择"属性"命令，弹出如图 2—13 所示的"回收站属性"对话框。在"全局"选项卡中单击"独立配置驱动器"单选按钮，取消选择"显示确认删除对话框"。

2）如图 2—14 所示，在"本地磁盘（D：）"选项卡中将回收站的最大空间设置为 15%，单击"确定"按钮，完成回收站设置。

（2）文件夹共享（略）

### 2. 评分项目及标准

| 评分项目 | 评分要点 | 配分 | 评分标准及扣分 |
|---|---|---|---|
| 文件操作 | 回收站管理 | 3分 | 按要求完成得3分，否则不得分 |
| 文件高级管理 | 文件夹共享 | 2分 | 按要求完成得2分，否则不得分 |

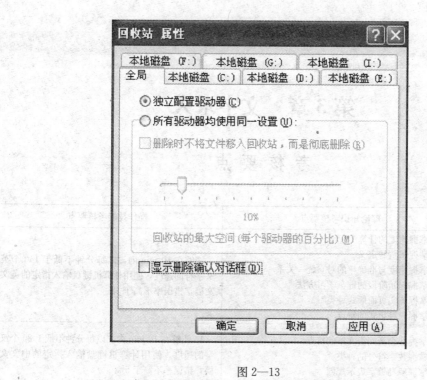

图 2—13

图 2—14

# 第3章 文字录入

## 考 核 要 点

| 考核范围 | 理论知识考核要点 | 操作技能考核要点 |
|---|---|---|
| 英文录入 | 1. 掌握速度的计算<br>2. 掌握错情的定义<br>3. 掌握速度与准确率的对立统一关系<br>4. 掌握起始阶段的键盘学习方法<br>5. 掌握英文页面版式种类<br>6. 掌握三种版式的特点 | 能够在 10 min 内，以每分钟不低于 140 个英文字符的速度，使用计算机键盘输入指定的英文文稿，错误率不高于 5‰ |
| 汉字录入 | 1. 掌握社会新闻类文章的特点<br>2. 掌握数字符号的种类<br>3. 掌握罗马数字表示规则<br>4. 掌握软键盘的录入<br>5. 掌握类似数字符号的种类 | 1. 能够在 10 min 内，以每分钟不低于 80 个汉字的速度，使用计算机键盘输入指定的中文文稿，错误率不高于 5‰<br>2. 能够输入常用的数字符号<br>3. 能够输入类似数字的符号 |

## 重点复习提示

### 一、英文录入

#### 1. 速度的计算

对于英文打字而言，以每一击作为基本单位，包括数字、字母、标点、符号以及空格。例如，句号后空两格，算做二击，每五击折合为一个单字。

#### 2. 错情的定义

在计算时，不论错几个字母。只要在一个单词内，就叫做一个错情。多打、漏打、大小字体打错、符号错，均判为错情。若错误率在允许值范围以内（千分之五），对错情不做处理。若错误率超过允许值，对每一错情扣除 10 击，然后再计算出速度。

#### 3. 速度与准确率的对立统一关系

速度与准确率之间的关系，既相互依存，又相互矛盾、相互制约。有些人往往一味地追求速度，而忽视准确性，并且对准确率的提高有畏难情绪，认为要打快，就会出错；要想不出错，就要打得慢。有时，准确率的提高对速度有不小的制约作用。但一切矛盾着的双方都是互相联系的，在一定条件下，矛盾着的双方能够互相统一起来。

**4. 起始阶段的键盘学习方法**

起始阶段应以准确为重点，在键盘学习阶段不要追求速度，应把准确率放在第一位。逐渐克服正确率低这一大难题，从而提高信心。

**5. 英文页面版式种类**

现代的英文页面版式，有其固有的特点。以信函为例，其版式可以分为齐列式、斜列式、混合式 3 种。

**6. 三种版式的特点**

（1）齐列式

每段段首左端对齐，段内采用单倍行距，段与段之间采用双倍行距。

（2）斜列式

信内地址（Inside Adress）每行缩进两格，信文每段段首缩进五格；段内行距与段间的行距均采用双倍行距。

（3）混合式

信内地址采用齐列式，信文使用斜列式；或者信内地址采用斜列式，信文使用齐列式。

## 二、汉字录入

**1. 社会新闻类文章的特点**

此类文章基本上是纯中文字符，格式变化少，没有公式等复杂内容；文章中涉及的词汇基本上是日常生活中的常用语，属于高频词，专有名词较少；文章中涉及的专有名词较为集中，且多次使用；标点符号基本上为中文标点符号，数字字符、英文字符和其他特殊字符使用较少。

**2. 数字符号的种类**

数字符号分为西文半角、西文全角、中文小写、中文大写、罗马数字等几种，见表 3—1 所示。

表 3—1　　　　　　　　　　　　　数 字 符 号

| 种类 | 输入方法 | 10 以内字符 | | | | | | | | | | 10 以上字符 |
|------|----------|---|---|---|---|---|---|---|---|---|---|---|
| 西文半角 | 半角状态下使用英文键盘 | 0 | 1 | 2 | 3 | 4 | 5 | 6 | 7 | 8 | 9 | |
| 西文全角 | 全角状态下使用英文键盘 | 0 | 1 | 2 | 3 | 4 | 5 | 6 | 7 | 8 | 9 | |

续表

| 种类 | 输入方法 | 10 以内字符 | | | | | | | | | 10 以上字符 |
|------|---------|------|---|---|---|---|---|---|---|---|-----------|
| 中文小写 | 软键盘下的单位符号 | ○ | 一 | 二 | 三 | 四 | 五 | 六 | 七 | 八 九 | |
| 中文大写 | 软键盘下的单位符号 | 零 | 壹 | 贰 | 叁 | 肆 | 伍 | 陆 | 柒 | 捌 玖 | 拾佰仟万亿兆吉太拍艾 |
| 罗马数字 | 软键盘下的数字符号 | Ⅰ | Ⅱ | Ⅲ | Ⅳ | Ⅴ | Ⅵ | Ⅶ | Ⅷ | Ⅸ | Ⅹ（代表 10）、L（代表 50）、C 代表 100）、D（代表 500）、M（代表 1 000） |

### 3. 罗马数字的表示规则

罗马数字的 7 个符号位置上不论怎样变化，它所代表的数字都是不变的。它们按照下列规律组合起来，就能表示任何数。

（1）重复次数

一个罗马数字符号重复几次，就表示这个数的几倍。

（2）右加左减

一个代表大数字的符号右边附一个代表小数字的符号，就表示大数字加小数字，如"Ⅵ"表示"6"。一个代表大数字的符号左边附一个代表小数字的符号，就表示大数字减去小数字的数目，"XL"表示"40"。

（3）上加横线

在罗马数字上加一横线，表示这个数字的一千倍。

### 4. 软键盘的录入

人们通常使用软键盘录入数字符号和类似数字符号。单击输入法提示行的软键盘按钮，则屏幕上会出现一个软键盘。

Windows 内置的中文输入法为用户提供了 13 种软键盘，以方便用户输入希腊字母、俄文字母、注音符号、拼音、日文平假名、日文片假名、标点符号、数字序号、数学符号、单位符号、制表符、特殊符号等。软键盘的默认状态为标准 PC 键盘。

### 5. 类似数字符号的种类

类似数字符号主要有西文符号、中文符号两种，其录入方法见表 3—2。

表 3—2　　　　　　　　　　　类似数字符号

| 种类 | 输入方法 | 10 以内字符 | | | | | | | | | | 10 以上字符 | | | | | | | | | |
|---|---|---|---|---|---|---|---|---|---|---|---|---|---|---|---|---|---|---|---|---|---|
| 西文符号 | | 1. | 2. | 3. | 4. | 5. | 6. | 7. | 8. | 9. | 10. | 11. 12. 13. 14. 15. 16. 17. 18. 19. 20. | | | | | | | | | |
| 西文符号 | 软键盘下的数字符号 | (1) | (2) | (3) | (4) | (5) | (6) | (7) | (8) | (9) | (10) | (11) (12) (13) (14) (15) (16) (17) (18) (19) (20) | | | | | | | | | |
| 西文符号 | | ① | ② | ③ | ④ | ⑤ | ⑥ | ⑦ | ⑧ | ⑨ | ⑩ | | | | | | | | | | |
| 西文符号 | | (一) | (二) | (三) | 四 | 五 | 六 | 七 | 八 | 九 | 十 | | | | | | | | | | |

# 理论知识辅导练习题

一、判断题（下列判断正确的请在括号内打"√"，错误的请在括号内打"×"）

1. 打字时，操作人员应与计算机键盘的距离在 15～30 cm 左右。　　　（　　）

2. 打字时，左右手大拇指放在回车键上。　　　（　　）

3. "击键"实际比"按键"要费时。　　　（　　）

4. 学习键盘录入的关键是坐姿端正。　　　（　　）

5. 基本键共有 8 个。　　　（　　）

6. 空格键由右手大拇指负责。　　　（　　）

7. shift 键是用来进行大小写及其他字符键转换的。　　　（　　）

8. 键盘 F 和 J 键上均有凸起，这两个键是左右手中指的位置。　　　（　　）

9. 对于英文录入而言，每六击折合为一个单字。　　　（　　）

10. 在计算时，不论错几个字母，只要在一个单词内，就叫做一个错情。　　　（　　）

11. 在键盘输入中，速度与正确率之间的关系，既相互依存，又相互矛盾、相互制约。

　　　（　　）

12. 在键盘学习阶段不要提出姿势要求，而应把速度放在第一位。　　　（　　）

13. 按英文页面版式要求，英文信函的版式可以分为齐列式、斜列式、平行式。　　　（　　）

14. 按英文页面版式要求，信函版式中的齐列式每段段首左端对齐，段内采用双倍行距。　　　（　　）

15. 在现代的英文页面版式中，斜列式的特点是信内地址每行缩进一格。　　　（　　）

16. 击 G 键时，整个左手离开基本键位向右移，用左手食指击 G 键。　　　（　　）

17. R、T、Y、U 键中 U 应由左手食指来敲击。 （　　）

18. Q、W、O、P 键中 Q 应由左手小指来敲击。 （　　）

19. V、B、N、M 键中 V 应由左手食指来敲击。 （　　）

20. Z、X、C、","".""/"中"."键应由右手无名指来敲击。 （　　）

21. 零星数字打法就是整个手离开基本字键向上移至第三行，用手指指端垂直击键，击毕，手迅速回到基本键位。 （　　）

22. 数字 4 键由左手中指敲击。 （　　）

23. 社会新闻类文章基本上是纯中文字符，格式变化少，没有公式等复杂内容。（　　）

24. 数字符号分为西文半角、西文全角、中文半角、中文全角、罗马数字等几种。 （　　）

25. 罗马数字的符号一共只有 7 个，分别是 I、V、X、L、C、D、N。 （　　）

26. 一个罗马数字符号重复几次，就表示这个数的几倍。 （　　）

27. 一个代表大数字的符号左边附一个代表小数字的符号，就表示大数字加上小数字的数目。 （　　）

28. 类似数字符号主要有西文符号、中文符号、西文全角、中文全角四种。 （　　）

29. Windows 内置的中文输入法为用户提供了 15 种软键盘。 （　　）

二、单项选择题（下列每题有 4 个选项，其中只有 1 个是正确的，请将其代号填写在横线空白处）

1. 打字时，操作人员应做到两脚平放，腰部挺直，两臂_____，两肘贴于腋边，身体可略前倾斜。

　　A. 向上倾斜　　　　　　　　　　　　B. 向下倾斜

　　C. 自然下垂　　　　　　　　　　　　D. 向后下垂

2. 打字时，手掌以腕为轴_____。

　　A. 略向上抬起　　　　　　　　　　　B. 略向下弯曲

　　C. 略向左抬起　　　　　　　　　　　D. 略向右抬起

3. 打字时，手指指端的第一关节要同键盘_____。

　　A. 平行　　　　　　　　　　　　　　B. 垂直

　　C. 保持 60 度角　　　　　　　　　　D. 保持 75 度角

4. 打字时，_____放在空格键上。

　　A. 左手拇指，右手食指　　　　　　　B. 右手手拇指，左手食指

　　C. 左右手大拇指　　　　　　　　　　D. 以上都不对

5. 不会影响打字速度的是_____。

A. 打字姿势 | B. 正确手形

C. 操作系统 | D. 击键要领

6. "_____"会使打出的字符出现双影，严重地影响了打字质量。

　　A. 按键 | B. 击键

　　C. 姿势不对 | D. 手形不对

7. 开始练习时如果不掌握_____要领，速度很难提高。

　　A. 按键 | B. 击键

　　C. 姿势 | D. 指位

8. 键盘的学习关键是_____。

　　A. 熟记字母在键盘中的位置 | B. 掌握并熟练运用手指分工

　　C. 坐姿端正 | D. 手形正确

9. 手指分工就是把键盘上的_____合理地分配给十个手指。

　　A. 所有键 | B. 基本键

　　C. 第三排键 | D. 第四排键

10. 一般来说左手无名指是放在_____上。

　　A. A 键 | B. S 键

　　C. D 键 | D. F 键

11. 基本键共有 8 个，它们是_____。

　　A. A、S、D、F 和 J、K、L、；

　　B. Z、X、C、V 和 M ","".""/"

　　C. Q、W、E、R 和 U、I、O、P

　　D. A、S、D、F 和 J、K、L、空格

12. 空格键由_____负责。

　　A. 左手大拇指 | B. 右手大拇指

　　C. 两个大拇指 | D. 两个食指

13. 左手打完字符键后需要击空格时用_____打空格。

　　A. 左手拇指 | B. 右手拇指

　　C. 左手食指 | D. 右手食指

14. Shift 键是用来的进行大小写及其他多字符键转换的，右手的字符键用_____按 Shift 键。

　　A. 左手 | B. 右手

　　C. 左右手都行 | D. 左右一起

15. 一般来说键盘 F 和 J 键上均有凸起，这两个键就是左右手_____的位置。

    A. 拇指                                      B. 食指

    C. 中指                                      D. 无名指

16. 击键完成后，左手食指应立即返回到_____键上。

    A. J                                         B. F

    C. G                                       D. H

17. 对于英文打字而言，以_____作为一个基本单位。

    A. 每一击                                  B. 每一个字符

    C. 每一个单词                            D. 每一句

18. 对于英文打字而言，句号后空两格，那么应算作_____击。

    A. 一                                         B. 二

    C. 四                                       D. 不算

19. 对于英文打字而言，每_____击折合为一个单字。

    A. 二                                         B. 三

    C. 四                                       D. 五

20. 计算错情时，不论错几个字母，只要在一个单词内，就叫做一个_____。

    A. 错字                                    B. 错值

    C. 错情                                    D. 错误

21. 若错误率在_____内，对错情不做处理。

    A. 千分之一                              B. 千分之五

    C. 千分之二                            D. 千分之三

22. 若错误率超过允许值，对每一错情扣除_____。

    A. 5 击                                    B. 6 击

    C. 8 击                                    D. 10 击

23. 速度与正确率之间的关系，既相互依存，又相互制约，在一定条件下，又能够_____起来。

    A. 互相独立                              B. 互相统一

    C. 互相对立                            D. 互相依赖

24. 在键盘学习阶段不要强调速度，而应把_____放在第一位。

    A. 准确率                                  B. 姿势

    C. 手形                                    D. 心态

25. 下列选项中，按现代英文版式划分，属于信函的版式的是_____。

A. 折叠式，斜列式           B. 斜列式，混合式和齐列式

C. 折叠式，斜列式和混合式      D. 独立式，折叠式和斜列式

26. 每段段首左端对齐，段内采用单倍行距，指的是现代的英文页面版式的_____。

     A. 斜列式                        B. 混合式

     C. 齐列式                        D. 独立式

27. 信内地址每行缩进二格，信文每段段首缩进五格，段内行距与段间的行距均采用双倍行距。这种版式是现代的英文页面版式中的_____。

     A. 齐列式                        B. 斜混式

     C. 混合式                        D. 斜列式

28. 按英文页面版式划分，_____信函版式中信内地址采用齐列式，信文使用斜列式。

     A. 重叠式                        B. 斜列式

     C. 混合式                        D. 齐列式

29. 击键时用指端向字键钮的平面_____发力。

     A. 水平                          B. 垂直

     C. 向右侧                        D. 向左侧

30. 小指和无名指击键时，_____不要翘起。

     A. 食指、拇指                 B. 小指、中指

     C. 食指、无名指               D. 食指、中指

31. 击 G 键时，整个左手离开基本键位向右移，用_____击 G 键。

     A. 左手食指                B. 左手拇指

     C. 右手                        D. 左手中指

32. 击 H 键时，整个右手离开基本键位向左移，用_____击 H 键。

     A. 左手食指                B. 双手

     C. 右手食指                D. 左手中指

33. R、T、Y、U 键中 R 由_____敲击。

     A. 左手食指                B. 无名指

     C. 小指                       D. 中指

34. R、T、Y、U 键中 T 由_____敲击。

     A. 右手食指                B. 无名指

     C. 左手食指                D. 中指

35. R、T、Y、U 键中 Y 由_____敲击。

     A. 左手食指                B. 无名指

C. 右手食指      D. 中指

36. R、T、Y、U 键中 U 由_____敲击。
  A. 右手食指      B. 无名指
  C. 左手食指      D. 中指

37. Q、W、O、P 键中 Q 由_____敲击。
  A. 左手小指      B. 右手小指
  C. 左手无名指      D. 右手无名指

38. Q、W、O、P 键中 W 由_____敲击。
  A. 左手小指      B. 右手小指
  C. 左手无名指      D. 右手无名指

39. Q、W、O、P 键中 O 由_____敲击。
  A. 左手小指      B. 右手小指
  C. 左手无名指      D. 右手无名指

40. Q、W、O、P 键中 P 由_____敲击。
  A. 左手小指      B. 右手小指
  C. 左手无名指      D. 右手无名指

41. V、B、N、M 键中 V 由_____敲击。
  A. 右手食指      B. 无名指
  C. 左手食指      D. 中指

42. V、B、N、M 键中 B 由_____敲击。
  A. 右手食指      B. 无名指
  C. 左手食指      D. 中指

43. V、B、N、M 键中 N 由_____敲击。
  A. 右手食指      B. 无名指
  C. 左手食指      D. 中指

44. V、B、N、M 键中 M 由_____敲击。
  A. 右手食指      B. 无名指
  C. 左手食指      D. 中指

45. Z、X、C、","".""/" 键中，Z 键由_____敲击。
  A. 左手小指      B. 左手无名指
  C. 左手中指      D. 右手小指

46. Z、X、C、","".""/" 键中，X 键由_____敲击。

A. 左手小指      B. 左手无名指
C. 左手中指      D. 右手小指

47. Z、X、C、","".""/"键中，C 键由_____敲击。
    A. 左手小指      B. 左手无名指
    C. 左手中指      D. 右手小指

48. Z、X、C、","".""/"键中，"/"键由_____敲击。
    A. 右手小指      B. 右手无名指
    C. 右手中指      D. 右手拇指

49. 4、5、6、7 键中 4 键由_____敲击。
    A. 左手食指      B. 右手食指
    C. 左手中指      D. 右手中指

50. 4、5、6、7 键中 5 键由_____敲击。
    A. 左手食指      B. 右手食指
    C. 左手中指      D. 右手中指

51. 4、5、6、7 键中 6 键由_____敲击。
    A. 左手食指      B. 右手食指
    C. 左手中指      D. 右手中指

52. 4、5、6、7 键中 7 键由_____敲击。
    A. 左手食指      B. 右手食指
    C. 左手中指      D. 右手中指

53. 文章基本上是纯中文字符，格式变化少，没有公式等复杂内容，文章中涉及的词汇基本上是日常生活中的常用语，以上描述的是_____类文体。
    A. 社会科学类文章      B. 社会新闻类文章
    C. 社会经济类文章      D. 社会金融类文章

54. 下列选项中，不属于数字符号的是_____。
    A. 西文半角      B. 西文全角
    C. 中文小写      D. 中文繁体

55. 罗马数字的符号一共只有 7 个：I、V、X、L、C、D、M，其中 D 指的是_____。
    A. 10      B. 50
    C. 100      D. 500

56. 罗马数字符号中的 V 表示_____。
    A. 1      B. 5

C. 10                                                    D. 50

57. 罗马数字符号中的 M 表示＿＿＿＿。

    A. 50                                                B. 500

    C. 1 000                                            D. 100

58. 罗马数字符号中的 C 表示＿＿＿＿。

    A. 50                                                B. 100

    C. 500                                               D. 1 000

59. 一个罗马数字符号重复 3 次，就表示这个数的＿＿＿＿倍。

    A. 一                                                 B. 二

    C. 三                                                 D. 四

60. 一个代表大数字的符号左边附一个代表小数字的符号，就表示大数字＿＿＿＿小数字的数目。

    A. 加上                                               B. 减去

    C. 乘                                                 D. 除

61. 罗马数字中，XL 表示＿＿＿＿。

    A. 5                                                  B. 50

    C. 60                                                 D. 40

62. 在罗马数字上加一横线，表示这个数字的＿＿＿＿倍。

    A. 一百                                               B. 五百

    C. 一千                                               D. 一万

63. 类似数字符号有西文符号和＿＿＿＿。

    A. 中文符号                                           B. 西文全角

    C. 中文全角                                           D. 西文半角

64. 类似数字符号主要有西文符号、中文符号两种，下列属于中文符号的是＿＿＿＿。

    A. 17                                                 B.（三）

    C. ⑩                                                 D.（3）

65. ⑩属于＿＿＿＿。

    A. 中文符号                                           B. 西文半角

    C. 西文符号                                           D. 中文半角

66. 我们通常使用＿＿＿＿录入数字符号和类似数字符号。

    A. 特殊键盘                                           B. 软键盘

    C. 虚拟键盘                                           D. 无线键盘

67. 单击_____的软键盘按钮，屏幕上会出现一个软键盘。

    A. 输入法提示行                        B. 桌面上

    C. 任务栏上                               D. 开始菜单

68. Windows 内置的中文输入法为用户提供了_____软键盘。

    A. 1 种                                 B. 5 种

    C. 10 种                               D. 13 种

69. 软键盘的默认状态为_____键盘。

    A. 标准 PC                            B. 希腊文

    C. 葡萄牙语                            D. 阿拉伯语

# 操作技能辅导练习题

## 1. 考核要求

### （1）录入英文文档

在 10 min 之内录入以下英文内容。

All of us have read thrilling stories in which the hero had only a limited and specified time to live. Sometimes it was as long as a year, sometimes as short as twenty-four hours, but always we were interested in discovering just how the doomed man chose to spend his last days or his last hours. I speak, of course, of free men who have a choice, not condemned criminals whose sphere of activities is strictly delimited.

Such stories set up thinking wondering what we should do under similar circumstances. What associations should we crowd into those last hours as mortal beings?

Sometimes I have thought it would be an excellent rule to live each day as if we should die tomorrow. Such an attitude would emphasze sharply the values of life. We should live each day with gentleness, vigor, and a keenness of appreciation which is often lost when time stretches before us in the constant panorama of more days and months and years to come. There are those, of course, who would adopt the epicurean motto of "Eat, drink, and be merry," most people would be chastened by the certainty of impending death.

We go about our petty task, hardly aware of our listless atitude towards life. The same lethargy, I am afraid, characterizes the use of our faculties and senses. Only the deaf appreciate hearing, only the blind realize the manifold blessings that lie in sight. Particularly does this observation apply to those who have lost sight and hearing in adult life? But those who have never suffered impairment of sight or hearing seldom make the fullest use of these blessed faculties. Their eyes and ears take in all sights and soud hazily，without concentration，and with little appreciation.

（2）录入中文文档

在 10 min 之内录入以下中文内容。

近年来，由于大量废旧包装塑料膜、塑料袋和一次性不可降解的塑料餐具使用量激增，并且任意抛弃，各大中城市都普遍形成了严重的白色污染。

塑料是一种很难难处理的生活垃圾，它混入土壤能影响作物吸收水分和养分，导致农作物减产；填埋起来，占用土地并且上百年才可以降解。

塑料制品是所有生活废弃物中最难处理的部分之一，也一直是一个世界性的难题。一股来说，采用卫生填埋、高温堆肥和焚烧这三种方法，基本上可以使垃圾处理达到减量化、资源化和无害化。但我国的情况不容乐观，垃圾收集、处理远未形成有序体系。

焚烧虽然可以销毁塑料袋，不过建一个垃圾焚烧厂是同规模填埋场的 20 倍的投入。至于人工降解产生有机油料的做法，需要较高纯度的塑料制品，大规模处理是不现实的。因此，卫生填埋成为目前能收集塑料的主要办法。北京已建起阿苏卫、北神树和安定 3 个垃圾卫生填埋场，垃圾填埋场底部铺设了厚厚的防渗层，并随着垃圾的堆积，上面不断用土覆盖，然后再造植被，以便保证垃圾在一个四周密闭的空间范围，不会污染地下水、土壤和周围的空气。但是，以安定垃圾填埋场为例，面积达 300 亩的一块土地也只够北京一个宣武区使用 14 年。

标本兼治是解决问题的最好办法，专家认为，一方面应及时有效地处理既生垃圾，一方面用能降解、易降解的制品代替塑料。1998 年 11 月，一种以秸秆做成的一次性餐具首次摆上了北京百盛购物中心的快餐桌。这种餐具不但安全卫生，而且一次性使用后入土即为肥料，入水可成为鱼饲料，弃置路边，几天后就随风而去了。各种新生的替代产品正处在起步阶段，但尚没有达到大规模生产推广的水平。

另外，民众的环境保护意识仍然比较落后，这其实是阻碍白色污染治理的一个重要因素。治理白色垃圾的第一步就是垃圾分装，这只有在大多数人的自觉环保意识建立起来之后才有望进行。所以，治理白色污染的最重要一点是提高每个人的环境意识。因为白色垃圾需要百年以上时间才可以在自然界自然降解，所以解决它的污染问题真的可以称作百年难题。

（3）录入数字符号

在文档的结尾处录入以下数字符号。

i    Ⅸ    ④    （五）    Ⅴ    （6）    ⑩    Ⅷ    （六）    ①

2. 考核时限

完成本题操作基本时间为 25 min；超出要求时间 5 min 内（含），从本题总分中扣除 10%，超出要求时间 5 min 以上停止操作。

# 参考答案
## 理论知识辅导练习题参考答案

### 一、判断题

1. √  2. ×  3. ×  4. ×  5. √  6. ×  7. √  8. ×  9. ×  10. √  11. √  12. ×
13. ×  14. ×  15. ×  16. √  17. ×  18. √  19. √  20. √  21. ×  22. ×  23. √
24. ×  25. ×  26. √  27. ×  28. ×  29. ×

### 二、单项选择题

1. C  2. A  3. B  4. C  5. C  6. A  7. B  8. B  9. A  10. B  11. A  12. C  13. B
14. A  15. B  16. B  17. A  18. B  19. D  20. C  21. B  22. D  23. C  24. A  25. B
26. C  27. D  28. C  29. B  30. D  31. A  32. C  33. A  34. C  35. C  36. A  37. A
38. C  39. D  40. B  41. C  42. C  43. A  44. A  45. A  46. B  47. C  48. A  49. A
50. A  51. B  52. B  53. B  54. C  55. D  56. B  57. C  58. B  59. C  60. B  61. D
62. C  63. A  64. B  65. C  66. B  67. A  68. D  69. A

## 操作技能辅导练习题参考答案

1. 操作步骤及注意事项

（1）录入英文文档

在 10 min 以内，需要以每分钟不低于 140 个英文字符的速度录入指定的英文文稿。

（2）录入中文文档

在 10 min 以内，需要以每分钟不低于 80 个汉字的速度录入指定的中文文稿。

（3）录入数字符号

在 Word 文档中，可使用软键盘录入数字和类似数字符号，也可以将插入点定位在要插入数字符号的位置处，执行"插入"→"特殊符号"命令，如图 3—1 所示，打开"数字序号"选项卡，在其中可以找到题目中要求录入的数字和类似数字符号。

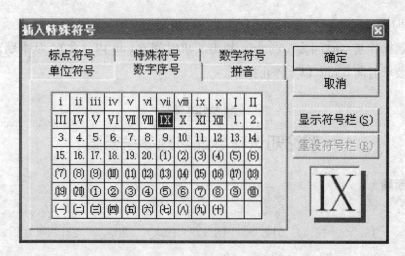

图 3—1

## 2. 评分项目及标准

| 评分项目 | 评分要点 | 配分 | 评分标准及扣分 |
|---|---|---|---|
| 英文录入 | 录入英文文档 | 8分 | 按要求完成得 8 分；错误率不高于 5‰，酌情得 6～7分；错误率高于 5‰，酌情得 3～5 分 |
| 中文录入 | 录入中文文档 | 8分 | 按要求完成得 8 分；错误率不高于 5‰，酌情得 6～7分；错误率高于 5‰，酌情得 3～5 分 |
| 数字符号录入 | 录入数字符号 | 4分 | 按要求完成得 4 分；每错两个扣 1 分，直至扣完为止 |

# 第4章 通用文档处理

## 考 核 要 点

| 考核范围 | 理论知识考核要点 | 操作技能考核要点 |
| --- | --- | --- |
| 文档内容的高级编辑 | 1. 掌握脚注和尾注的概念<br>2. 掌握尾注的作用<br>3. 掌握脚注的作用<br>4. 掌握批注的定义<br>5. 掌握批注的作用<br>6. 掌握阅览批注的方法<br>7. 掌握添加、修改、删除批注的方法<br>8. 掌握域的概念<br>9. 掌握域名称的种类<br>10. 掌握域特征字符的概念<br>11. 掌握域代码和开关的概念<br>12. 掌握使用键盘插入域的方法<br>13. 掌握使用快捷键插入域的方法<br>14. 掌握域的两种显示方式<br>15. 掌握域结果的显示<br>16. 掌握文档中所有域的更新<br>17. 掌握域的锁定 | 1. 能够插入、编辑、设置注释和域<br>2. 能够设置中文版式及进行长文档编辑操作 |
| 内容查找与替换 | 1. 掌握查找的快捷键<br>2. 掌握替换的操作方法<br>3. 掌握定位的方法 | 1. 能够查找与定位内容<br>2. 能够替换指定内容 |
| 文档格式化处理 | 1. 掌握合并字符的功能<br>2. 掌握拼音指南的作用<br>3. 掌握上标和下标的设定 | 1. 能够设置边框、底纹、背景<br>2. 能够设置特殊格式 |
| 信函和邮件的合并 | 1. 掌握邮件合并的方法<br>2. 掌握通讯录列表文件的格式<br>3. 掌握邮件合并功能的作用 | 1. 能够进行多个文档、标签、邮件的合并操作<br>2. 能够通过筛选和排序选择合并项 |
| 表格高级处理 | 1. 掌握表格的跨页断行<br>2. 掌握文本转换为表格的规定 | 1. 能够调整、转换表格属性<br>2. 能够设置、套用表格和表头格式 |
| 对象的高级处理 | 1. 掌握 Word 中的裁剪操作<br>2. 掌握常用对象的应用 | 1. 能够插入公式等复杂对象<br>2. 能够调整对象属性进行图文混排 |

# 重点复习提示

## 一、文档内容的高级编辑

### 1. 脚注和尾注的概念

脚注和尾注是对文档的补充说明。脚注和尾注都包含两个部分：注释标记和注释文本。注释标记是标注在需要注释的文字右上角的标号，注释文本是详细的正文部分注释。

### 2. 尾注的作用

尾注出现在整篇文档的结尾，用于说明引用文献的出处等信息。

### 3. 脚注的作用

脚注出现在每一页的末尾，用于对文档中难于理解的部分添加补充说明。

### 4. 批注的定义

批注是文档的审阅者在不更改正文的基础上，为文档添加的注释和建议信息。

### 5. 批注的作用

利用批注可以保护文档，方便与其他阅读者间进行交流。

### 6. 阅览批注的方法

阅览批注时，只要将鼠标置于批注处，即可看到显示的批注框。或者单击"审阅"工具栏的"显示"按钮，在弹出的菜单中选中"批注"命令，显示所有的批注。

### 7. 添加、修改、删除批注的方法

用户可以使用"审阅"工具栏添加、修改、删除批注。

### 8. 域的概念

域就是引导 Word 在文档中自动插入文字、图形、页码或其他信息的一组代码。

### 9. 域名称的种类

每个域都有一个唯一的名字，它具有的功能与函数非常相似。形如"{DATE \@ "yyyy－m－d"}"关系式中的"Date"就是域名称，Word 2003 提供了 9 大类共 74 种域。

### 10. 域特征字符的概念

形如"{DATE \@ "yyyy－m－d"}"关系式中，域特征字符即包含域代码的大括号"{}"，它是按下 Ctrl＋F9 组合键输入的域特征字符。

### 11. 域代码和开关的概念

形如"{DATE \@ "yyyy－m－d"}"关系式中的"\@ "yyyy－m－d""就是设定的域代码和开关，域代码和开关之间使用空格进行分隔。

### 12. 使用键盘插入域的方法

使用键盘插入域可以按快捷键 Ctrl＋F9，这时插入点位置会显示一对大括号"{}"。在其中键入域名和相关的域代码及开关。输入结束后可以按键盘上的 F9 键更新域，或者按下 Shift＋F9 组合键显示域结果。

### 13. 使用快捷键插入域的方法

系统提供了一些快捷键用于插入常用的域：使用快捷键 Alt＋Shift＋P 插入当前的页码；使用快捷键 Alt＋Shift＋T 插入系统当前的时间；使用快捷键 Alt＋Shift＋D 插入系统当前的日期；使用快捷键 Alt＋Ctrl＋L 插入列表编号。

### 14. 域的两种显示方式

文档中的域有两种显示方式。一个是显示成域代码的结果的形式，一个是显示成域代码的形式。

### 15. 域结果的显示

当用户将光标移到域上面时，Word 一般会将域部分加上底纹来区别显示。域可以在无须人工干预的条件下自动完成任务。

### 16. 文档中所有域的更新

如果需要更新文档中的所有的域，可以先选择整个文档（Ctrl＋A 键），然后使用快捷键 F9 来进行更新操作。

### 17. 域的锁定

（1）如要暂时锁定域，首先选定锁定的对象，然后按下快捷键 Ctrl＋F11。

（2）如要永久的锁定域，首先选中要锁定的对象，然后使用快捷键 Shift＋F9。

（3）如要想解除域的暂时锁定，首先选中解除的对象，然后使用快捷键 Ctrl＋Shift＋F11。

## 二、内容查找与替换

### 1. 查找的快捷键

按 Esc 键可以取消当前的查找，关闭"查找"对话框后还可用快捷键 Shift＋F4 继续查找。

### 2. 替换的操作方法

使用替换操作可以自动替换文字。

（1）选择"编辑"菜单中的"替换"命令。

（2）在"替换"选项卡的"查找内容"框内输入需要搜索的文字，在"替换为"框内输入需要替换的文字。

（3）单击"查找下一处"搜寻内容，单击"替换"或者"全部替换"按钮替换内容。按Esc键取消替换操作。

如果单击"高级"按钮，可以定制更详细的替换条件，不仅替换文字内容还可将文字格式也同时替换。

**3. 定位的方法**

使用定位操作可以把插入点光标直接移动到指定位置。

（1）选择"编辑"菜单中的"定位"命令。

（2）在"定位"选项卡的"定位目标"列表框中选择目标对象。

（3）在"输入页号"框中输入目标页号，如果输入带"＋"或"－"的数字将是相对于当前位置的偏移量。

（4）单击"定位"按钮，光标将移动到目标位置。如果刚进行过定位操作，也可以使用"前一次"和"下一次"按钮重复定位。

## 三、文档格式化处理

**1. 合并字符的功能**

合并字符功能可以将多个字符合并为一个（最多可以合并6个字符）。

**2. 拼音指南的作用**

如果在Word文档中给一些汉字添加汉语拼音，则可以使用Word提供的拼音指南功能。"拼音指南"命令在"格式"菜单的"中文版式"子菜单下。

**3. 上标和下标的设定**

在数学、物理、化学中，一些公式经常需要用到上标和下标。要设置上标和下标，只需选择要设置的字符，然后单击"格式"工具栏中的"上标"按钮$x^2$或者"下标"按钮$x_2$即可。也可以在选择字符后，打开"字体"对话框，在"字体"选项卡的"效果"栏中，用"上标"和"下标"复选框设置上标和下标。

## 四、信函和邮件的合并

**1. 邮件合并的方法**

（1）创建主文档，即信件中内容相同的部分。

（2）制作和处理数据源，多封信件中不同的收信人姓名、地址等信息是数据源的内容。

（3）进行合并操作。

**2. 通讯录列表文件的格式**

在 Word 2003 中，通讯录列表文件的扩展名为 ".mdb"。

**3. 邮件合并功能的作用**

如果用户需要编辑多封邮件或者信函，这些邮件或者信函只是收件人的信息有所不同，而内容完全一样。显然，如果逐封编辑有些费力，此时可以使用 Word 的邮件合并功能。

## 五、表格高级处理

**1. 表格的跨页断行**

设置表格的跨页断行属性，可以允许或禁止表格断开出现在不同的页面中。

**2. 文本转换为表格的规定**

将文本转换为表格，该文本的每行之间必须用段落符隔开，每列之间必须用分隔符连接。

## 六、对象的高级处理

**1. Word 中的裁剪操作**

Word 中的裁剪操作并不是真的将图片切割，而是修改图片在页面上的显示区域，以控制图片显示的范围。

裁剪图片的操作步骤如下：

（1）单击选中要进行操作的图片。

（2）选择"格式"菜单中的"图片"命令。

（3）在"图片"选项卡下，"上""下""左""右"四个编辑框中分别输入要裁剪的距离大小确定裁剪的尺寸。其中，若输入正数则会减掉图片，输入负数则会增大图片。

（4）单击"确定"按钮完成操作。

**2. 常用对象的应用**

在 Word 中，除了最常见的文本对象外，文本框、图形、图表、公式、段落、书签等都是对象。

# 理论知识辅导练习题

**一、判断题**（下列判断正确的请在括号内打"√"，错误的请在括号内打"×"）

1. 在 Word 2003 中，脚注和尾注都包含两个部分：注释标记和注释图标。　　　（　　）

2. 在 Word 2003 中，尾注一般出现在整篇文档的结尾处，用于说明引用文献的出处等

信息。 （    ）

3. 在 Word 2003 中，脚注出现在第一页的末尾。 （    ）

4. 在 Word 2003 中，标记是文档的审阅者在不更改正文的基础上，为文档添加的注释和建议信息。 （    ）

5. 在 Word 2003 中，利用批注可以保护文档。 （    ）

6. 在 Word 2003 中，阅览批注时必须用鼠标双击该批注，才可看到显示的批注框。

（    ）

7. 在 Word 2003 中，用户可以使用"窗口"工具栏添加、修改、删除和浏览批注。

（    ）

8. 在 Word 2003 中，域是引导 Word 在文档中自动插入文字、图形、页码或其他信息的一组函数。 （    ）

9. 在 Word 2003 中，每个域都有唯一的名字。 （    ）

10. 在 Word 2003 中，域特征字符是指包含域代码的大括号"{}"，它是按下 Ctrl＋F10 组合键输入的域特征字符。 （    ）

11. Word 2003 提供了 9 大类共 74 种域。 （    ）

12. 在 Word 2003 中，"{DATE \ @ "yyyy－m－d"}" 中的 "\ @ "yyyy－m－d"" 指的是域名称。 （    ）

13. 在 Word 2003 中，使用键盘插入域可以按快捷键 Ctrl＋F10。 （    ）

14. 在 Word 2003 中，按键盘上的 F9 键更新域，或者按下 Shift＋F10 组合键显示域的结果。 （    ）

15. 在 Word 2003 中，如果需要更新文档中的所有的域，可以先选择整个文档，然后使用快捷键 F9 来进行更新操作。 （    ）

16. 在 Word 2003 中，如要永久锁定域，可以先选定要锁定的对象，然后按下快捷键 Shift＋F9。 （    ）

17. 在 Word 2003 中，关闭"查找"对话框后还可用快捷键 Ctrl＋F4 继续查找。

（    ）

18. 在 Word2003 中，设置替换时不能将文字格式同时替换。 （    ）

19. 在 Word 2003 中，使用查找操作可以把插入点光标直接移动到指定位置。 （    ）

20. 在 Word 2003 中，拼音指南功能的作用是把所用的汉字都转换成拼音。 （    ）

21. 在 Word 2003 中，合并字符功能可以将多个字符合并为一个，但最多可以合并 6 个字符。 （    ）

22. 在 Word 2003 中，上标和下标常用于批注与注释。 （    ）

23. 在 Word 2003 邮件合并步骤中，"进行合并操作"属于第 3 个步骤。　　　（　　）

24. Word 2003 的邮件合并进程涉及三个文档：主文档、数据源和合并文档。（　　）

25. 在 Word 2003 中的邮件合并过程中，通讯录列表文件的扩展名为".mbd"。（　　）

26. 在 Word 2003 中，单元格间距默认为 1。　　　　　　　　　　　　　（　　）

27. 在 Word 2003 中，设置表格的跨页断行属性，可以禁止表格断开出现在不同的页面中。　　　　　　　　　　　　　　　　　　　　　　　　　　　　　　（　　）

28. 在 Word 2003 中，将文本转换为数据文件，该文本的每行之间必须用段落符隔开；每列之间必须用分隔符连接。　　　　　　　　　　　　　　　　　　　　　（　　）

29. 在 Word 2003 中，可以操作和改变的每一个项目都是一个实例。　　　（　　）

30. 在 Word 2003 中，要插入公式，需要在"插入"菜单中选择对象。　　（　　）

31. 在 Word 2003 中，裁剪操作的作用是修改图片在页面上的显示区域，以控制图片的显示范围。　　　　　　　　　　　　　　　　　　　　　　　　　　　　　　　（　　）

**二、单项选择题**（下列每题有 4 个选项，其中只有 1 个是正确的，请将其代号填写在横线空白处）

1. 在 Word 2003 中，脚注和尾注都包含两个部分：注释标记和注释_____。

   A. 符号　　　　　　　　　　　　　B. 文本

   C. 文档　　　　　　　　　　　　　D. 标签

2. 在 Word 2003 中，出现在整篇文档的结尾处，用于说明引用文献出处等信息的称为_____。

   A. 脚注　　　　　　　　　　　　　B. 尾注

   C. 注释标记　　　　　　　　　　　D. 注释文本

3. 在 Word 2003 中，脚注出现在_____的末尾。

   A. 第一页　　　　　　　　　　　　B. 最后一页

   C. 每一页　　　　　　　　　　　　D. 倒数第二页

4. 在 Word 2003 中，脚注用于对文档中难于理解的部分添加_____。

   A. 简要说明　　　　　　　　　　　B. 文献出处

   C. 文献来源　　　　　　　　　　　D. 补充说明

5. 在 Word 2003 中，批注是文档的审阅者在_____正文的基础上，为文档添加的注释和建议信息。

   A. 修改　　　　　　　　　　　　　B. 插入

   C. 不更改　　　　　　　　　　　　D. 添加

6. 在 Word 2003 中，利用批注可以_____。

A. 保护文档      B. 隐藏文档

C. 删除文档      D. 备份文档

7. 在 Word 2003 中，设置文档保护后，审阅者只能_____而无法对文档正文修改。

A. 删除文档      B. 备份文档

C. 添加批注      D. 隐藏文档

8. 在 Word 2003 中，阅览批注时只要_____批注处，即可看到显示的批注框。

A. 单击      B. 将鼠标放至

C. 双击      D. 右击

9. 在 Word 2003 中，单击"_____"工具栏的"显示"按钮，在弹出的菜单中选中"批注"命令，显示所有的批注。

A. 审阅      B. 插入

C. 工具      D. 窗口

10. 在 Word 2003 中，用户还可以使用"_____"工具栏添加、修改、删除和浏览批注。

A. 格式      B. 审阅

C. 插入      D. 编辑

11. 在 Word 2003 中，_____就是引导 Word 在文档中自动插入文字、图形、页码或其他信息的一组代码。

A. 域      B. 代码组

C. 程序      D. 函数

12. 在 Word 2003 中，每个域都有_____名字，它具有的功能与函数非常相似。

A. 两个      B. 唯一的

C. 三个      D. 至少一个

13. 在 Word 2003 中，域特征字符"{ }"是按下 Ctrl＋_____组合键输入的域特征字符。

A. Y      B. U

C. F7      D. F9

14. Word 2003 提供了 9 大类共_____域。

A. 70 种      B. 71 种

C. 72 种      D. 74 种

15. 在 Word 2003 中，"{DATE \ @ "yyyy－m－d"}"中的"DATE""指的是_____。

A. 域代码      B. 域名称

C. 域公式      D. 域结果

16. 在 Word 2003 中，"{DATE \\@ "yyyy—m—d"}" 中的 " \\@ "yyyy—m—d"" 指的是_____。

    A. 域代码和开关                      B. 域名称

    C. 域公式                              D. 域结果

17. 在 Word 2003 中，域代码和开关之间使用_____进行分隔。

    A. ＊                              B. ～

    C. ％                              D. 空格

18. 在 Word 2003 中，域可以在_____的条件下完成任务。

    A. 无须人工干预                    B. 人工干预

    C. 人工干预或人工不干预都可以      D. 系统干预

19. 在 Word 2003 中，使用键盘插入域可以按快捷键 Ctrl＋F9，这时插入点位置会显示一对大括号，在其中不可以键入_____。

    A. 域名                           B. 相关的域代码

    C. 开关                             D. 系统命令

20. 在 Word 2003 中，域有两种显示的方式。一个是显示成_____的形式，一个是显示成_____的形式。

    A. 域名称　域开关               B. 域代码的结果　域代码

    C. 域结果　函数                 D. 域名称　函数

21. 在 Word 2003 中，文档中的域有两种显示的方式，可以通过选中后按快捷键_____进行反复切换。

    A. Shift＋F9                       B. Shift＋F8

    C. Shift＋F7                       D. Shift＋F6

22. 在 Word 2003 中，如果需要更新文档中的所有的域，可以先选择整个文档，然后使用快捷键_____进行更新操作。

    A. F5                              B. F9

    C. Ctrl＋F6                      D. Ctrl＋P

23. 在 Word 2003 中，用快捷键_____可以选择整个文档。

    A. Ctrl＋A                        B. Ctrl＋B

    C. Ctrl＋D                      D. Ctrl＋E

24. 在 Word 2003 中，如要暂时锁定域，可以先选定锁定的对象，然后按下快捷键 Ctrl＋_____。

    A. S                              B. L

C. F9        D. F11

25. 在 Word 2003 中，如要_____锁定域，可以先选定要锁定的对象，然后按下快捷键 Shift+F9。

    A. 暂时         B. 永久

    C. 间歇性       D. 删除

26. 在 Word 2003 中，如要解除域的暂时锁定，可以先选中要解除的对象，然后使用快捷键_____。

    A. Ctrl+Shift+F11       B. Alt+Shift+F11

    C. Ctrl+Shift+F9        D. Alt+Shift+F9

27. 在 Word 2003 中，按_____可以取消当前的查找。

    A. Esc 键        B. Tab 键

    C. Enter 键       D. Shift 键

28. 在 Word 2003 中，关闭"查找"对话框后还可用快捷键_____继续查找。

    A. Alt+Shift+L       B. Shift+F4

    C. Ctrl+F4         D. Alt+Ctrl+T

29. 在 Word 2003 中，设置替换时不仅替换文字内容还可以替换_____。

    A. 文字格式       B. 文本属性

    C. 文本符号       D. 文本信息

30. 在 Word 2003 中，使用_____操作可以把插入点光标直接移动到指定位置。

    A. 定位         B. 替换

    C. 插入         D. 查询

31. 在 Word 2003 中，使用定位操作，如果当前页为第 12 页，则输入"−3"后，光标将移动到_____。

    A. 第 8 页        B. 第 9 页

    C. 第 10 页       D. 第 11 页

32. 在 Word 2003 中，使用定位操作，如果当前页为第 11 页，则输入"+2"后，光标将移动到_____。

    A. 第 10 页       B. 第 11 页

    C. 第 12 页       D. 第 13 页

33. 在 Word 2003 中，如果需要给一些汉字添加汉语拼音，则可以使用 Word 提供的拼音指南功能，在"_____"菜单中选择"中文版式"子菜单下的"拼音指南"命令。

    A. 格式         B. 工具

C. 编辑                    D. 文件

34. 在 Word 2003 中，合并字符功能可以将多个字符合并为一个，最多可以合并_____字符。

A. 4 个                    B. 5 个

C. 6 个                    D. 7 个

35. 在 Word 2003 中，上标和下标常用于_____。

A. 一些数学公式          B. 批注

C. 注释                    D. 文本说明

36. 在 Word 2003 中，选择要设置的字符后，通过单击"_____"工具栏中的"上标"按钮或者"下标"按钮就可以设置上标和下标。

A. 格式                    B. 工具

C. 编辑                    D. 文件

37. 在 Word 2003 中，可以通过打开"字体"对话框，在"字体"选项卡的"_____"栏中，用"上标"和"下标"复选框设置上标和下标。

A. 字形                    B. 字符间距

C. 效果                    D. 字号

38. 在 Word 2003 中，邮件合并主要操作步骤正确的是_____。

①创建主文档。

②进行合并操作。

③制作和处理数据源。

A. ②③①               B. ①②③

C. ①③②               D. ②①③

39. Word 2003 的邮件合并进程涉及三个文档：_____、数据源和合并文档。

A. 主文档                B. 备份文档

C. 副文档                D. 次文档

40. 在 Word 2003 的邮件合并操作中，_____包含对于合并文档的每个版本都相同的文本和图形。

A. 合并文档            B. 数据源

C. 主文档                D. 次文档

41. 在 Word 2003 的邮件合并操作中，_____是主文档与地址列表合并后得到的结果文档。

A. 数据源                B. 合并文档

C. 副文档          D. 次文档

42. 在 Word 2003 中，通讯录列表文件的扩展名为"_____"。

     A. . txt          B. . mdb

     C. . doc          D. . dat

43. 在 Word 2003 中的邮件合并过程中，选择"使用现有列表"，将打开"_____"对话框。

     A. 邮件合并收件人          B. 邮件合并寄件人

     C. 从 Outlook 联系人中选择          D. 新建地址列表

44. 在 Word 2003 中的邮件合并过程中，"邮件合并收件人"对话框中的"_____"按钮可以快速选定所有的记录。

     A. 选择          B. 全部清除

     C. 全选          D. 查找

45. 在 Word 2003 中，单元格间距指的是单元格与单元格之间的距离，默认单元格间距为_____。

     A. 零          B. 一倍间距

     C. 1.5 倍间距          D. 2 倍间距

46. 在 Word 2003 中，设置表格的_____属性，可以允许或禁止表格断开出现在不同的页面中。

     A. 跨行断页          B. 跨页断行

     C. 跨段断行          D. 跨页断列

47. 在 Word 2003 中，将文本转换为表格，该文本的每行之间必须用（   ）隔开，每列之间必须用（   ）连接。_____

     A. 段落符、分隔符          B. 分隔符、段落符

     C. 行距符、列据符          D. 行隔符、列隔符

48. 在 Word 2003 中，可以操作和改变的每一个项目都是一个_____。

     A. 类          B. 实例

     C. 对象          D. 单元

49. 下列不是 Word 2003 插入对象的是_____。

     A. 文本框          B. 图形

     C. 图表          D. 数据库文件

50. 在 Word 2003 中，如果插入公式，需要在"插入"菜单中选择_____。

     A. 数字          B. 引用

C. 公式　　　　　　　　　　　　D. 对象

51. 在 Word 2003 中，裁剪操作并不是真的将图片切割，而是修改图片在页面上的_____，以控制图片的显示范围。

　　A. 显示区域　　　　　　　　　B. 显示大小

　　C. 显示形状　　　　　　　　　D. 显示分辨率

# 操作技能辅导练习题

**【试题 1】**

1. 考核要求

打开"素材库（中级）\ 考生素材 1 \ 文件素材 4—1. doc，"将其以"中级 4—1A. doc"为文件名保存至考生本地计算机的考生文件夹中，进行以下操作，最终版面如图 4—1 所示。

（1）内容查找与替换

查找出文档中所有的"堀"字，并将其全部替换为"窟"。

（2）文档格式化处理

1）设置边框：为文档添加页面边框，设置边框的样式为三条细实线，颜色为紫罗兰色，且距离文字的上下边距为 10 磅，左右边距为 20 磅。

2）设置背景：将文档背景填充为"新闻纸"的纹理效果。

（3）文档内容的高级编辑

1）版式设置：将正文第二段的前四个字的字体设置为华文行楷，字号为 12，然后进行合并字符操作，并设置字体颜色为紫罗兰色。

2）域的插入：在文档的结尾处插入域，将其右对齐，设置域的类别为"日期和时间"，域名为 Date，日期格式为"EEEE 年 O 月 A 日"，要求在更新时保留原格式。

（4）表格高级处理

1）插入表格：在文档的结尾处插入一个 5 行 6 列的表格。

2）格式设置：将表格自动套用"古典型 3"的表格样式。

3）属性设置：指定表格的行高为固定值 1 厘米，单元格的对齐方式为垂直居中。

（5）对象高级处理

1）插入公式：在文档尾部插入公式

$$\lim_{\lambda \to 0} = f\,(x,\ y)\ d$$

2）艺术字设置：将文档的标题设置为第 3 行第 4 列的艺术字样式，字体为华文新魏、44 磅，艺术字形状为"正 V 形"，环绕方式为"嵌入式"，字符间距为"紧密"。

# 敦煌石窟隋唐塑像

中国甘肃敦煌一带的石窟总称。包括敦煌莫高窟、西千佛洞、榆林窟、东千佛洞及肃北蒙古族自治县五个庙石窟等。有时也专指莫高窟。莫高窟在今甘肃省敦煌市中心东南25千米的鸣沙山东麓的断崖上，创建于前秦建元二年，历经北凉、北魏、北周、隋、唐、五代、宋、西夏、元等朝代相继凿建，到唐时已有1 000余窟龛，经历代坍塌毁损，现存洞窟492个。保存着历代彩塑2 400多尊，壁画4.5万余平方米，唐宋木构窟檐5座。洞窟最大者高40余米、30米见方，最小者高不过几十厘米。窟外原有殿宇，有木构走廊与栈道相连。壁画有佛像和佛经故事、佛教史迹、神话等题材，构图精美，栩栩如生。造像均为泥制彩塑，分为单身像和群像。造型生动、神态各异，最大者高33米，最小者仅0.1米。壁画除佛教题材外还绘有出资建造石窟的供养人像和耕作、狩猎、捕鱼、婚丧、歌舞、杂技、旅行等生产、生活情景。

敦煌石窟始自十六国，至清代1 000余年中不断修建，其塑像、壁画比较集中地反映了历代佛教艺术的发展，形成具有独特民族风格的敦煌石窟艺术体系。其中莫高窟被联合国教科文组织列为世界文化遗产。

隋唐塑像形体、刻画人物性格的艺术技巧，大有提高，题材内容增多，并出现前所未见的高大塑像。隋代塑像主要是一佛、二弟子、二菩萨或一佛、二弟子、四菩萨为一铺的组合。个别洞窟在塑像组合上增加了二力士、四天王像。此外还出现一佛、二菩萨为一组的立像或三组鼎足而立的九身立像等新题材。隋代塑像面形方圆，体形健壮，较为写实，腿部一般较短。唐代塑像主要是一佛、二弟子、二天王或加二力士的七身一铺或九身一铺的组合。唐大历十一年李大宾营建的第148窟，主亲王涅盘像长约15米，像后站立七十二身弟子像，各呈悲容，神态不一，是莫高窟最大的一组彩塑群像。

二〇〇九年十一月二十三日

$$\lim_{\lambda \to 0} = f(x, y)\, d$$

图4—1

（6）邮件和信函的合并

将"素材库（中级）\ 考生素材 2\ 文件素材 4—1A. doc"复制到考生本地计算机硬盘的考生文件夹中，并且重命名为"中级 4—1B. doc"。（此操作不计分）

1）创建主文档、数据源：打开文档"中级 4—1B. doc"，套用"信函"的文档类型，使用当前文档，以文件素材库（中级）\ 考生素材 2\ 数据素材 4—1B. xls 作为数据源。

2）合并邮件：筛选出"出生年"大于 1970 年的记录，并将其进行邮件合并。

3）文件保存：将合并的结果覆盖原文件"中级 4—1B. doc"，仍保存在考生文件夹中。

2. 考核时限

完成本题操作基本时间为 20 min；超出要求时间 5 min 内（含）扣 2 分，超出要求时间 5 min 以上停止操作。

【试题 2】

1. 考核要求

打开"素材库（中级）\ 考生素材 1\ 文件素材 4—2. doc，"将其以"中级 4—2A. doc"为文件名保存至考生本地计算机硬盘的考生文件夹中，进行以下操作，最终版面如图 4—2 所示。

（1）内容查找与替换

查找出文档中所有的"china"字段，并将其全部替换为"唐三彩"。

（2）文档格式化处理

1）设置格式：设置文档第一段的首字下沉 3 行，距离正文 0.5 厘米。

2）设置背景：将"素材库（中级）\ 考生素材 2\ 图片素材 4—2A. jpg"填充为图片水印的背景效果，设置缩放比例为 120%，不冲蚀。

（3）文档内容的高级编辑

1）版式设置：将正文第二段的前三个字设置为带圈字符的格式，样式选择"增大圈号"。

2）插入尾注：为正文第一段的文本"陶器"添加粉红色双下划线，并插入尾注"在英文中，用 China 来代表中国的瓷器类。"

（4）表格高级处理

1）绘制表格：在文档的结尾处插入一个 3 行 6 列的表格。

2）格式设置：将表格自动套用"竖列型 3"的表格样式。

3）属性设置：指定表格的行高为固定值 1 厘米，指定表格第三列列宽为 4.5 厘米。

（5）对象高级处理

1）插入公式：在文档尾部插入公式

唐三彩的历史

**唐**三彩是一种低温釉陶器[i]，出现并盛行于唐代，其烧成温度约在摄氏800~900度左右，所用胎料为白色粘土。虽是陶胎但质地细腻坚硬，器形规整。唐三彩的釉色有绿、黄、蓝、白、褐等多种颜色，釉料成分是由铜、铁、钴等多种呈色金属的矿物质配制而成，并加入大量的铅来做助溶剂和增加釉色亮度，从而使釉料在受热过程中向四周晕散流动，各种颜色相互浸润，形成自然流畅、斑驳灿烂的彩色装饰，其风格十分的浓艳华丽。唐三彩器物并非每件都是三种以上颜色，也有施一彩或两彩的情况，但都统称为唐三彩。因唐三彩最早、最多出土于洛阳，亦有"洛阳唐三彩"之称。

唐三彩的生产已有1300多年的历史。它吸取了中国国画、雕塑等工艺美术的特点。唐三彩制作工艺复杂，以经过精细加工的高岭土作为坯体，用含铜、铁、钴、锰、金等矿物作为釉料的着色剂，并在釉中加入适量的炼铅熔渣和铅灰作为助剂。先将素坯入窑焙烧，陶坯烧成后，再上釉彩，再次入窑烧至800℃左右而成。由于铅釉的流动性强，在烧制的过程中釉面向四周扩散流淌，各色釉互相浸润交融，形成自然而又斑驳绚丽的色彩，是一种具有中国独特风格的传统工艺品。

唐三彩不仅贵在釉色浓艳瑰丽，而且骆驼、马和人物等的造型生动传神，富有生活气息，当时的国际市场上，唐三彩就已负有盛名，成为中外经济文化交流的重要物品之一。1928年，陇海铁路修筑到洛阳邙山时，出土了大量唐三彩，古董商们将其运至北京，受到了国内外古器物研究者的重视和古玩商的垂青。之后，洛阳地区不断有唐三彩出土，数量之多、质量之美、令人惊叹。

唐三彩的复制和仿制工艺，在洛阳已有百年的历史，经过历代艺人们的研制，唐三彩工艺技术逐步完善，烧制水平不断提高，使"洛阳唐三彩"的工艺技巧和艺术水平达到了一定的高度。在国际市场上，唐三彩已成为极其珍贵的艺术品，曾在有80多个国家和地区参加的国际旅游会议上被评为优秀旅游产品，被誉为"东方艺术瑰宝"。唐三彩大马、骆驼等曾作为国礼，赠送给50多个国家的元首和政府首脑。

| | | | | |
|---|---|---|---|---|
| | | | | |

$$P(\varepsilon \leq m) = \sum_{k=0}^{m} \frac{\lambda^k}{k!} e^{-\lambda}$$

---
[i] 在英文中，用China来代表中国的瓷器类。

图 4—2

$$P\left(\varepsilon \leqslant m\right)=\sum_{}^{m}\frac{\lambda^{k}}{K!}e^{-\lambda}$$

2）艺术字设置：将文档的标题设置为第 5 行第 5 列的艺术字样式，字体为华文行楷、40 磅，艺术字形状为"朝鲜鼓"，环绕方式为"上下型环绕"。

（6）邮件和信函合并

将"素材库（中级）＼考生素材 2＼文件素材 4—2B.doc"复制到考生本地计算机硬盘的考生文件夹中，并且重命名为"中级 4—2B.doc"。（此操作不计分）

1）创建主文档、数据源：打开文档"中级 4—2B.doc"，套用"信函"的文档类型，使用当前文档，以"素材库（中级）＼考生素材 2＼数据素材 4—2C.xls"作为数据源。

2）合并邮件：筛选出"单价"大于 100 元的记录，并将其进行邮件合并。

3）文件保存：将合并的结果覆盖原文件"中级 4—2B.doc"，仍保存在考生文件夹中。

2. 考核时限

完成本题操作基本时间为 20 min；超出要求时间 5 min 内（含）扣 2 分，超出要求时间 5 min 以上停止操作。

# 参考答案
## 理论知识辅导练习题参考答案

### 一、判断题

1.× 2.√ 3.× 4.× 5.√ 6.× 7.× 8.× 9.√ 10.× 11.√ 12.×
13.× 14.× 15.√ 16.√ 17.× 18.× 19.× 20.× 21.√ 22.× 23.√
24.√ 25.× 26.× 27.√ 28.× 29.× 30.√ 31.√

### 二、单项选择题

1.B 2.B 3.C 4.D 5.C 6.A 7.C 8.B 9.A 10.B 11.A 12.B 13.D
14.D 15.B 16.A 17.D 18.A 19.D 20.B 21.A 22.B 23.A 24.D 25.B
26.A 27.A 28.B 29.A 30.B 31.B 32.D 33.A 34.C 35.B 36.A 37.C
38.C 39.A 40.C 41.B 42.B 43.A 44.C 45.A 46.B 47.A 48.C 49.D
50.D 51.A

## 操作技能辅导练习题参考答案

**【试题1】**

1. 操作步骤及注意事项

（1）内容查找与替换

选择"编辑"菜单中的"替换"命令，如图4—3所示，在"查找内容"栏内输入"堀"字，在"替换为"栏内输入替换文字"窟"，单击"全部替换"按钮。

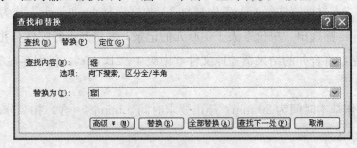

图4—3

（2）文档格式化处理

1）设置边框：选择"格式"菜单下的"边框和底纹"命令，弹出如图4—4所示的"边框和底纹"对话框。选择"页面边框"选项卡，在"设置"区内选择方框；在"线型"中选择三条实线；在"颜色"框中选择紫罗兰色；在"应用于"框中可以选择"整篇文档"。

图4—4

单击右下角的"选项"按钮，弹出如图4—5所示的"边框和底纹选项"对话框。在
"度量依据"中选择文字；设置上下边距为10磅，左右边距为20磅。

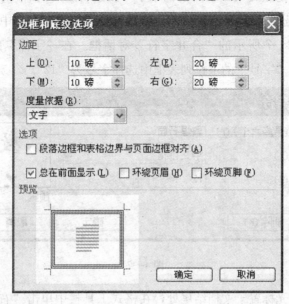

图4—5

2）设置背景：依次选择"格式"→"背景"→"填充效果"命令，弹出如图4—6所示
的"填充效果"对话框。在"纹理"选项卡下，选择"新闻纸"的纹理效果。

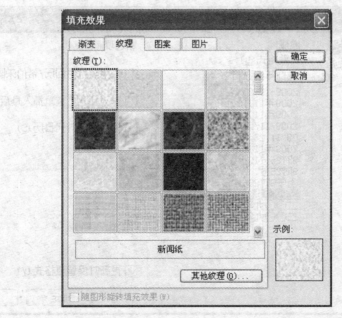

图4—6

（3）文档内容的高级编辑

1）版式设置：选定正文第二段的前四个字"敦煌石窟"，在格式工具栏中的"字体颜色"的下拉列表框中选择"紫罗兰色"。然后依次选择"格式"→"中文版式"→"合并字符"命令，弹出如图4—7所示的"合并字符"对话框。在"字体"的下拉列表框中选择"华文行楷"字体，在"字号"的下拉列表框中选择字号为"12"。

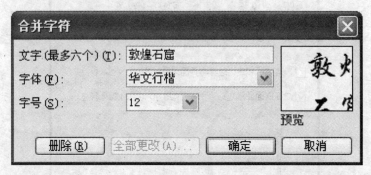

图 4—7

2）域的插入：将光标置于文档结尾处，在格式工具栏中单击"右对齐"按钮，再执行"插入"→"域"命令，弹出如图4—8所示的"域"设置对话框。在"类别"的下拉列表框中选择"日期和时间"，选择域名为"Date"，日期格式为"EEEE 年 O 月 A 日"，并勾选"更新时保留原格式"复选框。

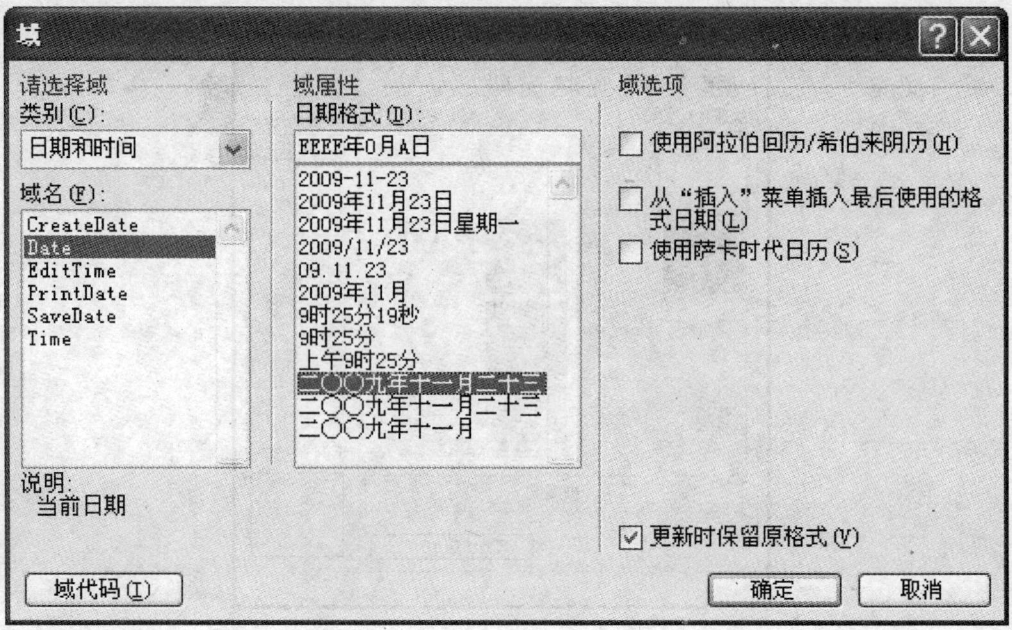

图 4—8

（4）表格高级处理

1）插入表格：将光标置于文档结尾处，依次执行"表格"→"插入"→"表格"命令，弹出如图 4—9 所示的"插入表格"对话框，将列数设置为 6 列，行数设置为 5 行。

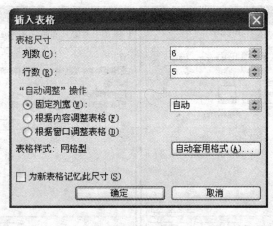

图 4—9

2）格式设置：在图 4—9 的"插入表格"对话框中，单击"自动套用格式"按钮，弹出如图 4—10 所示的"表格自动套用格式"对话框，在"表格样式"下拉列表中选择"古典型3"的表格样式。

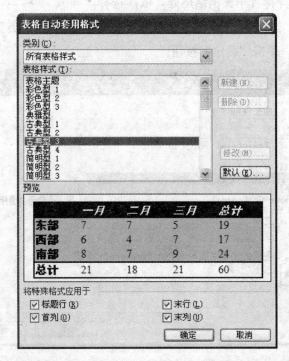

图 4—10

3）属性设置：选定已经插入的整个表格，依次执行"表格"→"表格属性"命令，弹出如图4—11中所示的"表格属性"对话框，在"行"选项卡中将行的高度设置为固定值1厘米，在"单元格"选项卡中将垂直对齐方式设置为居中。

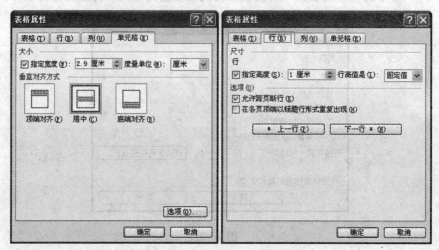

图4—11

（5）对象的高级处理

1）插入公式：将光标置于文档结尾处，依次选择"插入"→"对象"命令，弹出如图4—12所示的"对象"选择对话框，在"新建"选项卡的"对象类型"下拉列表中选择"Microsoft 公式 3.0"，单击"确定"按钮。

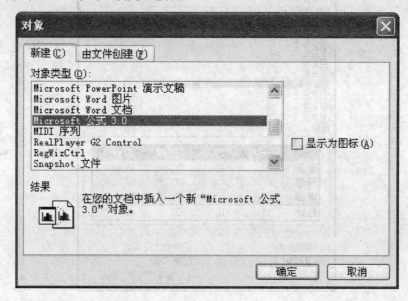

图4—12

在公式编辑框中，依次选择"公式"符号工具栏中的相应符号，输入指定的字符。

①在"下标和上标模板"（第 2 行第 3 个）中，单击选中第 3 行第 2 个的"中下标（极限）"符号（见图 4—13a）。

②在运算符位置输入字符"lim"，在"下标"位置选择"希腊字母（小写）"（第 1 行第 9 个）按钮中的"λ"（第 3 行第 4 个）字符（见图 4—13b）。在"箭头符号"（第 1 行第 5 个）按钮中选中第 1 行第 1 个的"右箭头"符号（见图 4—13c）。

③依次输入字符及符号"＝f（x，y）d"，单击文档的其他任意位置，完成公式的创建。

图 4—13a        图 4—13b        图 4—13c

2）艺术字设置：选中文档的标题"敦煌石窟隋唐塑像"，依次选择"插入"→"图片"→"艺术字"命令，弹出如图 4—14 所示的"艺术字库"对话框，在列表框中选择第 3 行第 4 列的艺术字样式，单击"确定"按钮。

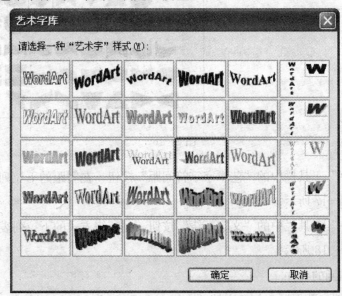

图 4—14

在弹出的如图4—15所示的"编辑'艺术字'文字"对话框中，在字体的下拉列表框中选择"华文新魏"，在字号的下拉列表框中选择"44"磅，单击"确定"按钮。

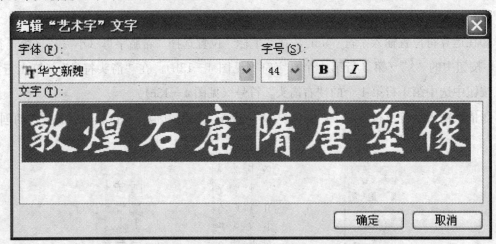

图4—15

单击"艺术字"工具栏中的"艺术字形状"按钮，在形状下拉列表框中选择"正V形"样式，如图4—16所示。

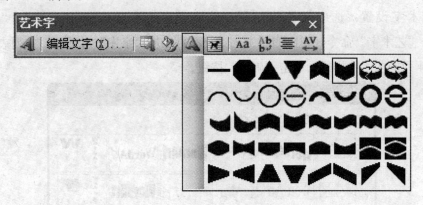

图4—16

单击"艺术字"工具栏中的"艺术字字符间距"按钮，在间距的下拉列表框中选择"紧密"样式，如图4—17所示。

单击"艺术字"工具栏中的"文字环绕"按钮，在环绕方式的下拉列表框中选择"嵌入型"样式，如图4—18所示。

（6）邮件和信函的合并

1）创建主文档、数据源：打开文档"中级4－1B.doc"，依次选择"工具"→"信函与邮件"→"邮件合并"命令，此时窗口右侧边栏会弹出"邮件合并向导"。第一步选择"信

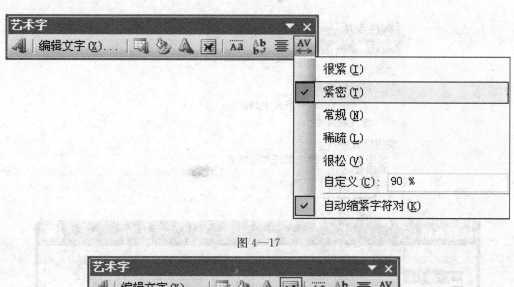

图 4—17

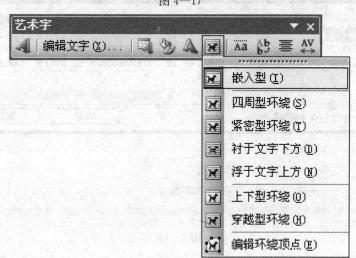

图 4—18

函"的文档类型，第二步选择开始文档为"使用当前文档"，第三步收件人选择"使用现有
列表"，单击"浏览"按钮，调出数据源文件"素材库（中级）\考生素材 2\数据素材 4—
1B. xls"，如图 4—19 所示。

2）合并邮件：在弹出的"邮件合并收件人"对话框中，单击"出生年"标题旁的箭头，
在下拉列表中选择"高级"选项，弹出如图 4—20 所示的"筛选和排序"对话框，筛选出
"出生年"大于 1970 年的记录，筛选结果如图 4—21 所示。

在"邮件合并向导"中单击下一步"撰写信函"，点击下方的"其他项目"选择所要插
入合并的域。将鼠标定位到"老师"前面的括号内，选择插入"姓名域"，然后在"月"前
面的括号内选择插入"出生月域"，在"日"前面的括号内选择插入"出生日域"，最终效果
如图 4—22 所示。

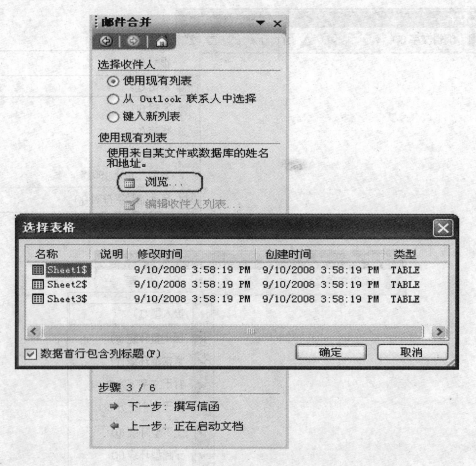

图 4—19

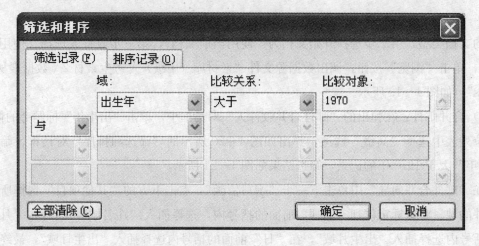

图 4—20

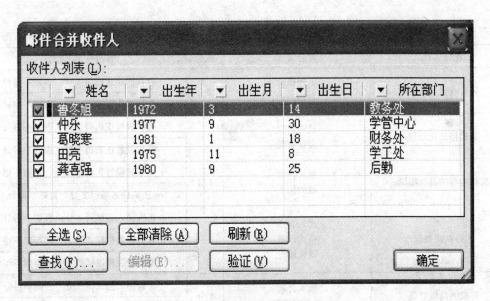

图 4—21

# 庆生卡

祝（«姓名»）老师：

生日快乐！身体健康！

感谢您一直以来敬岗尽责，对我们工作的大力支持，在此

代表学院向您表示祝贺！

院工会

2009 年（«出生月»）月（«出生日»）日

图 4—22

3）文件保存：在"邮件合并向导"中单击下一步可以"预览信函"，再单击下一步"完成合并"后，选择"编辑个人信函"选项，在弹出的"合并到新文档"对话框中勾选"全部"，按"确定"按钮完成合并。关闭原"中级 4－1B. doc"，单击保存将合并结果保存，并覆盖原"中级 4－1B. doc"。

## 2. 评分项目及标准

| 评分项目 | 评分要点 | 配分 | 评分标准及扣分 |
|---|---|---|---|
| 内容查找与替换 | 查找内容 替换内容 | 2分 | 查找操作正确得1分，否则不得分 |
| | | | 替换操作正确得1分，否则不得分 |
| 文档格式化处理 | 设置边框 设置背景 | 2分 | 边框设置正确得1分，否则不得分 |
| | | | 背景设置正确得1分，否则不得分 |
| 文档内容的高级编辑 | 版式设置 域的插入 | 4分 | 中文版式设置正确得2分，否则不得分 |
| | | | 正确插入域得2分，否则不得分 |
| 表格高级处理 | 插入表格 格式设置 属性设置 | 3分 | 正确插入表格得1分，否则不得分 |
| | | | 正确套用表格样式得1分，否则不得分 |
| | | | 正确设置表格属性得1分，否则不得分 |
| 对象的高级处理 | 插入公式 艺术字设置 | 4分 | 正确插入公式得2分，否则不得分 |
| | | | 正确设置艺术字得2分，否则不得分 |
| 信函和邮件的合并 | 创建主文档、数据源 合并邮件 文件保存 | 5分 | 文档类型选择正确得1分，否则不得分 |
| | | | 数据源选择正确得1分，否则不得分 |
| | | | 筛选合并项操作正确得1分，否则不得分 |
| | | | 正确插入合并域得1分，否则不得分 |
| | | | 邮件合并结果保存正确得1分，否则不得分 |

## 【试题2】

1. 操作步骤及注意事项

（1）内容查找与替换

选择"编辑"菜单中的"替换"命令，在如图4—23所示的"查找内容"栏内输入"china"字，在"替换为"栏内输入替换文字"唐三彩"，单击"全部替换"按钮。

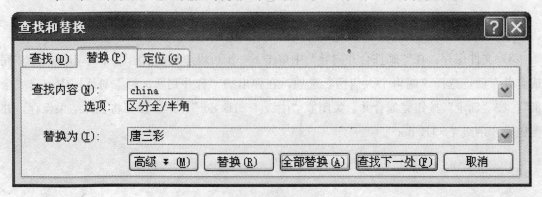

图4—23

（2）文档格式化处理

1）设置格式：将光标置于文档第一段起始处，选择"格式"菜单下的"首字下沉"命令，弹出如图 4—24 所示的"首字下沉"对话框。"位置"设置为下沉，"下沉行数"设置为 3 行，"距正文"设置为 0.5 厘米，单击"确定"按钮完成首字下沉格式的设置。

图 4—24

2）设置背景：依次选择"格式"→"背景"→"水印"命令，弹出如图 4—25 所示的"水印"对话框。单击"图片水印"按钮，并选择图片文件"素材库（中级）\ 考生素材 2 \ 图片素材 4—2A. jpg"，在缩放比例设置框中输入 120％，去除"冲蚀"复选框，单击"确定"按钮完成水印背景的设置。

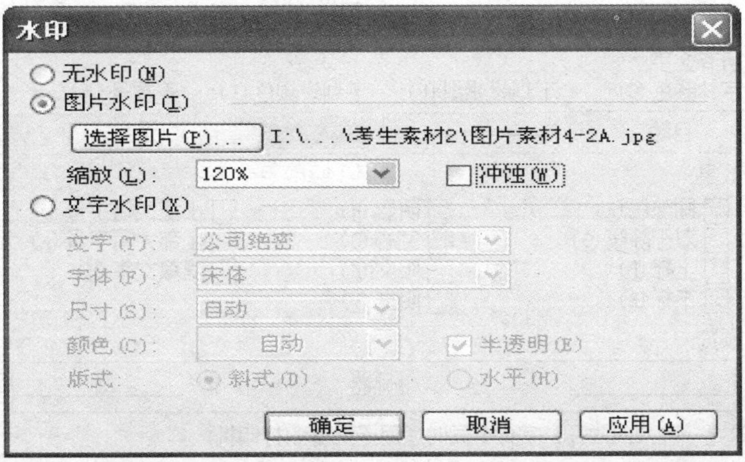

图 4—25

（3）文档内容的高级编辑

1）版式设置：选定正文第二段的前三个字"唐三彩"，执行"格式"→"中文版式"→"带圈字符"命令，弹出如图4—26所示的"带圈字符"对话框。"样式"选择为增大圈号，单击"确定"按钮完成中文版式的设置。

2）插入尾注：选定正文第一段的文本"陶器"，执行"格式"→"字体"命令，弹出如图4—27所示的"字体"对话框。在"下划线线型"下拉列表中选择"双实线"下划线；在"下划线颜色"下拉列表中选择"粉红色"，单击"确定"按钮完成下划线的设置。

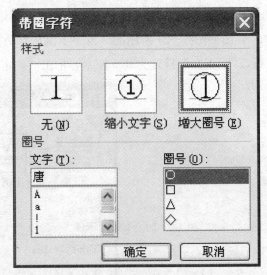

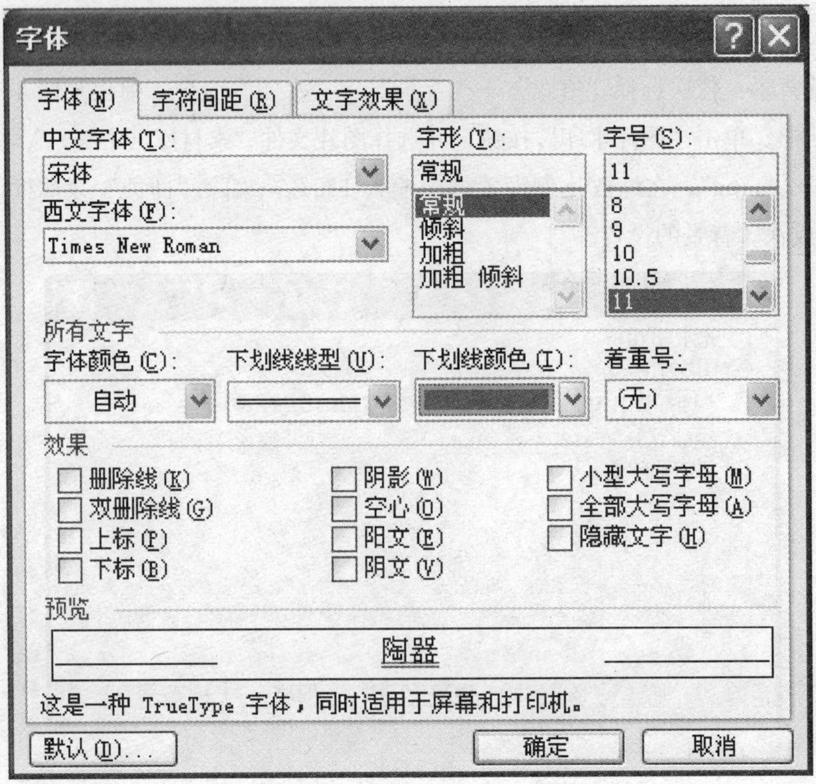

图4—26

图4—27

将光标置于文本"陶器"之后，执行"插入"→"引用"→"脚注和尾注"命令，弹出如图 4—28 所示的"脚注和尾注"对话框。单击"尾注"单选按钮，单击"插入"按钮，在文档结尾的尾注编号后录入文本"在英文中，用 China 来代表中国的瓷器类。"。

图 4—28

（4）表格高级处理

1）绘制表格：将光标置于文档结尾处，执行"表格"→"插入"→"表格"命令，弹出如图 4—29 所示的"插入表格"对话框，将"列数"设置为 6 列，"行数"设置为 3 行。

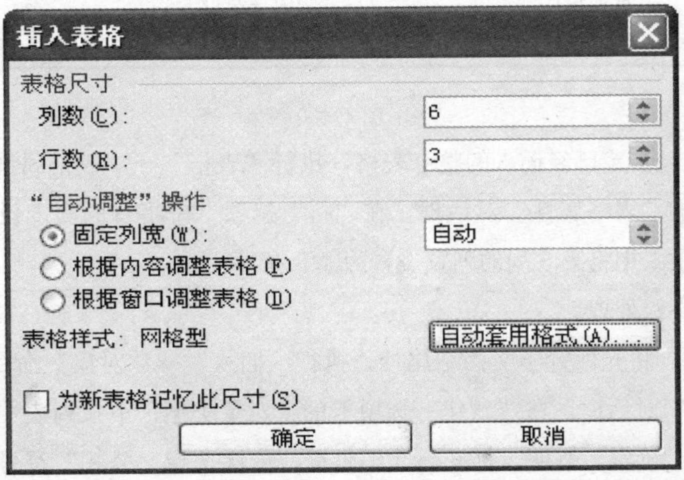

图 4—29

2）格式设置：在"插入表格"对话框中，单击"自动套用格式"按钮，弹出如图4—30所示的"表格自动套用格式"对话框，在"表格样式"下拉列表中选择"竖列型3"的表格样式。

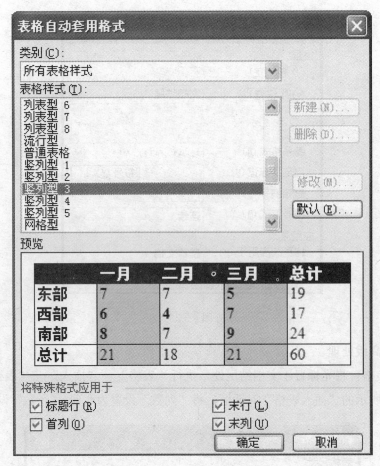

图 4—30

3）属性设置：选定已经插入的整个表格，执行"表格"→"表格属性"命令，弹出如图4—31中所示的"表格属性"对话框，在"行"选项卡中将行的高度设置为固定值1厘米；在"列"选项卡中将第3列的列宽设置为4.5厘米。

（5）对象的高级处理

1）插入公式：将光标置于文档结尾处，执行"插入"→"对象"命令，弹出如图4—32所示的"对象"对话框，在"新建"选项卡的"对象类型"下拉列表中选择"Microsoft公式3.0"，单击"确定"按钮，打开公式编辑框，依次选择"公式"符号工具栏中的相应符号，输入指定的字符。

2）艺术字设置：选中文档的标题"唐三彩的历史"，执行"插入"→"图片"→"艺术

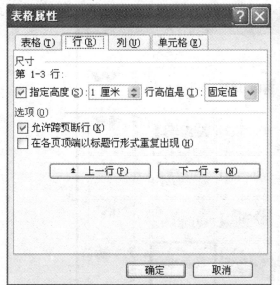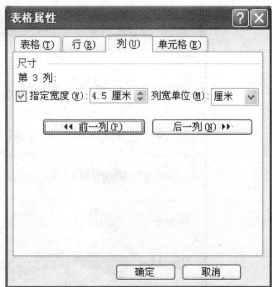

图 4—31

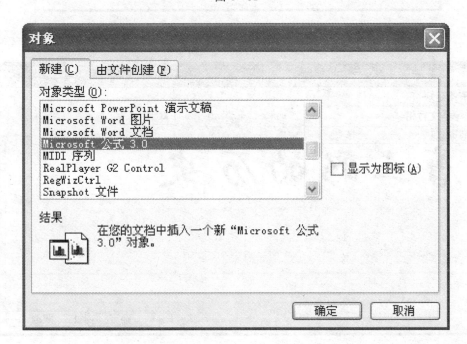

图 4—32

字"命令，弹出如图 4—33 所示的"艺术字库"对话框，在列表框中选择第 5 行第 5 列的艺术字样式，单击"确定"按钮。

　　在弹出的如图 4—34 所示的"编辑'艺术字'文字"对话框中，在字体的下拉列表框中选择"华文行楷"，在字号的下拉列表框中选择"40"磅，单击"确定"按钮。

图 4—33

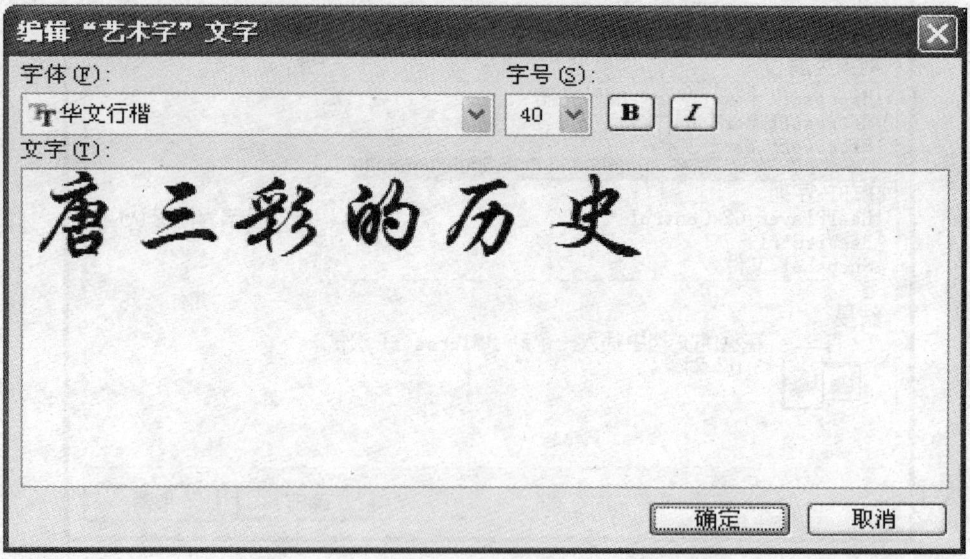

图 4—34

单击"艺术字"工具栏中的"艺术字形状"按钮，在形状下拉列表框中选择"朝鲜鼓"样式，如图 4—35 所示。

单击"艺术字"工具栏中的"文字环绕"按钮，在环绕方式的下拉列表框中选择"上下

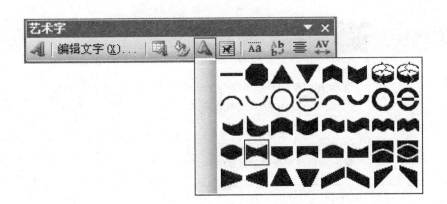

图 4—35

型环绕"样式，如图 4—36 所示。

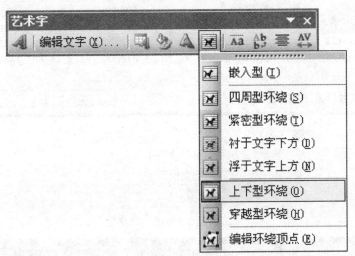

图 4—36

（6）邮件和信函的合并

1）创建主文档、数据源：打开文档"中级 4－2B. doc"，执行"工具"→"信函与邮件"→"邮件合并"命令，此时右侧边栏会弹出"邮件合并向导"。第一步选择"信函"的文档类型，第二步选择开始文档为"使用当前文档"，第三步收件人选择"使用现有列表"，单击"浏览"按钮，调出数据源文件"素材库（中级）\ 考生素材 2\ 数据素材 4－2C. xls"，如图 4—37 所示。

2）合并邮件：在弹出的"邮件合并收件人"对话框中，单击"单价（元）"标题旁的箭头，在下拉列表中选择"高级"选项，弹出如图 4—38 所示的"筛选和排序"对话框，筛选出"单价（元）"大于 100 的记录，筛选结果如图 4—39 所示。

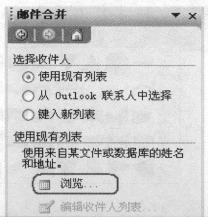

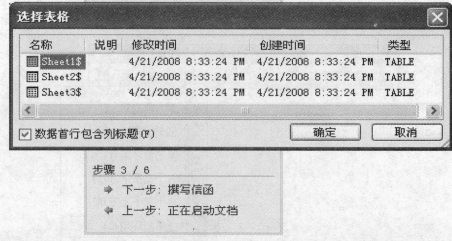

图 4—37

图 4—38

　　在"邮件合并向导"中单击下一步"撰写信函"，将鼠标定位到相应位置，点击下方的"其他项目"依次插入相对应的合并域，最终效果如图 4—40 所示。

图 4—39

# 网上购物提示

尊敬的（《姓名》）（《性别》）士：

您好！以下是您最近一次在本网站查阅过的物品：

品名：《品名》

货号：《货号》

单价：《单价》元

上一次查看日期：《上一次查看日期》

如果您需要此宝贝，请将它放入购物车中！

图 4—40

3）文件保存　在"邮件合并向导"中单击下一步"预览信函"，再单击下一步"完成合并"后，选择"编辑个人信函"选项，在弹出的"合并到新文档"对话框中勾选"全部"，按"确定"键完成合并。关闭原"中级 4－2B. doc"，单击保存将合并结果保存，并覆盖原"中级 4－2B. doc"。

## 2. 评分项目及标准

| 评分项目 | 评分要点 | 配分 | 评分标准及扣分 |
|---|---|---|---|
| 内容查找与替换 | 查找内容<br>替换内容 | 2分 | 查找操作正确得1分，否则不得分<br>替换操作正确得1分，否则不得分 |
| 文档格式化处理 | 设置格式<br>背景设置 | 2分 | 特殊格式设置正确得1分，否则不得分<br>背景设置正确得1分，否则不得分 |
| 文档内容的高级编辑 | 版式设置<br>插入尾注 | 4分 | 中文版式设置正确得2分，否则不得分<br>正确插入尾注得2分，否则不得分 |
| 表格高级处理 | 插入表格<br>格式设置<br>属性设置 | 3分 | 正确插入表格得1分，否则不得分<br>正确套用表格样式得1分，否则不得分<br>正确设置表格属性得1分，否则不得分 |
| 对象的高级处理 | 插入公式<br>插入艺术字 | 4分 | 正确插入公式得2分，否则不得分<br>正确设置艺术字得2分，否则不得分 |
| 信函和邮件的合并 | 创建主文档、数据源<br>合并邮件<br>文件保存 | 5分 | 文档类型选择正确得1分，否则不得分<br>数据源选择正确得1分，否则不得分<br>筛选合并项操作正确得1分，否则不得分<br>正确插入合并域得1分，否则不得分<br>邮件合并结果保存正确得1分，否则不得分 |

# 第5章 电子表格处理

## 考 核 要 点

| 考核范围 | 理论知识考核要点 | 操作技能考核要点 |
|---|---|---|
| 数据输入与编辑处理 | 1. 掌握 Excel 输入数据的类型<br>2. 掌握分数输入的方法<br>3. 掌握单元格的数据形式<br>4. 掌握输入数据的方法<br>5. 掌握输入数字的方法<br>6. 掌握输入日期的方法 | 1. 能够进行数据的引用输入和关联输入<br>2. 能够进行工作簿、工作表、工作区、单元格中数据的输入、填充、更新、复制、移动、删除和清除操作 |
| 数据查找与替换 | 1. 掌握数据定位操作的方法<br>2. 掌握数据查找操作的方法<br>3. 掌握数据替换操作的方法 | 1. 能够查找、定位数据、单元格、工作区<br>2. 能够替换指定数据 |
| 表格高级格式化处理 | 1. 掌握批注信息的使用<br>2. 掌握字符宽度的设置<br>3. 掌握行高和列宽的调整<br>4. 掌握合并和拆分单元格的方法 | 1. 能够对单元格进行合并、拆分、添加批注操作<br>2. 能够自动套用表格格式、自动调整设置表格 |
| 对象基本处理 | 1. 掌握快速创建图表的方法<br>2. 掌握图表的修改方法 | 1. 能够插入图片、图示等对象<br>2. 能够创建、编辑、修饰图表 |
| 综合计算处理 | 1. 掌握引用单元格时使用的符号<br>2. 掌握单元格地址的表述<br>3. 掌握公式的输入<br>4. 掌握函数的参数的使用方法 | 1. 能够使用公式建立引用关系计算<br>2. 能够使用函数进行高级算法处理 |
| 高级统计分析 | 1. 掌握筛选的操作方法<br>2. 掌握分类汇总的相关知识 | 1. 能够进行数据的复杂筛选与排序<br>2. 能够用分类汇总法进行数据统计 |

# 重点复习提示

## 一、数据的输入与编辑处理

**1. Excel 输入数据的类型**

在 Excel 工作表中可以输入两类数据：常量值和公式。

常量值是可以直接键入到单元格中的数据，它可以是数字值（包括日期、时间、货币、百分比、分数、科学记数）或者是文字。

公式可以是简单的数学式，也可以是包含 Excel 函数的式子，它的特点是以"="号开头，Excel 之所以具有强大的数据处理能力，公式是最为重要的因素之一。

**2. 分数输入的方法**

为了避免把输入的分数视为日期，在分数前要输入 0 和空格。例如"0 1/6"确定后成为"1/6"。

**3. 单元格的数据形式**

单元格是 Excel 2003 最基本的组成部分，每个单元格都可以存储不同类型的数据，除了常见的数字、字符串、日期以外，还可以存储声音、图形等。

**4. 输入数据的方法**

（1）在输入数据之前，必须先选定想要输入数据的单元格，可以选择一个单元格，也可以选择相邻的或不相邻的单元格区域。

（2）选定一个单元格后，单元格会被粗线框包围。在输入正确的数据后，可以单击数据编辑栏的确认按钮（☑），或者按下回车键，确认输入的数据到单元格中。如果要取消在当前单元格中输入的数据，可以单击数据编辑栏的取消按钮（☒），或者按 Esc 键。

（3）如果要选定不相邻的单元格，可按住 Ctrl 键，利用鼠标单击所要选择的单元格。在输入正确的数据后，按下 Ctrl＋Enter 键，数据将自动输入到所有选定的单元格中。

**5. 输入数字的方法**

（1）无论显示的数字位数有多少，Excel 都将只保留 15 位的数字精度。如果数字长度超出了 15 位，Excel 会将多余的数字位舍入为零。

（2）可以在数字中加入逗号来区分位数，但在编辑栏中显示的数值没有逗号，表示该单元格中的数据为一个数值。

（3）如果单元格使用的是"常规"数字格式，则当数值的长度超过 11 位时，系统将在单元格中使用科学记数法显示该数值，在编辑栏中将显示完整的数值。

（4）如果单元格的宽度不足以显示输入的数值，则系统会在单元格中显示"♯"字符串替代，不过在编辑栏中显示的还是正确的数值。

## 二、数据的查找与替换

### 1. 数据的定位操作方法

使用定位操作可以把光标直接移动到指定位置，或者选中需要的区域。

（1）选择"编辑"菜单中的"定位"命令，弹出"定位"对话框。

（2）在"引用位置"编辑框中指定需要定位的单元格引用位置或命名区域。

（3）在"定位"列表中可以看到最近使用过"定位"命令的引用位置，可以在其中选择一个命名区域。

（4）单击"定位条件"按钮将弹出"定位条件"对话框，在其中可选择需要定位的对象。

### 2. 数据的查找操作方法

查找操作可以用来在电子表格中查找指定内容的数据。

（1）选择"编辑"菜单中的"查找"命令，弹出"查找和替换"对话框。

（2）在"查找"选项卡的"查找内容"栏中输入所要查找的数据。

（3）单击"查找下一处"按钮，Excel 就会将光标移动到查找到的数据处。

（4）单击"查找全部"按钮，Excel 则会以列表的形式显示所有查找到的数据。用户可以在列表中单击定位到对应的数据。

（5）单击"选项"按钮展开对话框，在其中可以定制更详细的查找条件。

### 3. 数据的替换操作方法

使用替换操作可以自动替换查找到的数据。选择"编辑"菜单中的"替换"命令，打开"查找和替换"对话框后，可以在"替换"选项卡中进行替换操作。

## 三、表格高级格式化处理

### 1. 批注信息的使用

为了在查看工作表时能了解某些重要的单元格的含义，可以给单元格添加批注信息。当鼠标的指针放在包含批注的单元格上时，在单元格的右上方将显示出批注内容。

### 2. 行高和列宽的调整

当单元格中输入的数据超过单元格的大小时，就要调整行高和列宽，以便能把整个单元格中的数据完全显示出来。改变行高和列宽有两种方法，一种是使用鼠标调整，另一种是展开"格式"菜单调用"行"和"列"子菜单中的命令。

（1）使用鼠标调整行高和列宽

1）将鼠标指针指向要改变行高的边线上，鼠标指针变成一个双向垂直箭头。

2）按住鼠标左键向上或向下拖曳鼠标，随着鼠标的移动，相应的高度网格线也随之移动，并且在屏幕上显示当前单元格高度值。

3）调整到满意的高度时，放开鼠标即可。

4）使用鼠标调整列宽的方法与调整行高的方法类似。

（2）使用菜单调整行高

1）选取要调整行高的区域。

2）选择"格式"菜单下的"行"子菜单，从"行"子菜单中选择"行高"命令。

3）屏幕弹出"行高"对话框，在"行高"框中输入行高值。

4）按"确定"按钮，此时 Excel 将选取的区域的行高改为新设置的值。

5）使用菜单调整列宽的方法与调整行高的方法相似。

## 四、对象基本处理

### 1. 快速创建图表的方法

快速创建图表是一种非常简洁的创建方式。

（1）选取制作图表所需的数据区域。

（2）按下 F11 键，即生成一个简单的柱形图。

### 2. 图表的修改方法

在创建完图表之后，可以利用"图表"菜单对图表进行修改。比如，改变图表的类型、移动图表位置、调整图表大小、修改图表数据、修改图表格式等。

（1）选择"图表"下拉菜单中的"图表类型"命令，可以对图表的类型进行修改。

（2）只要修改了工作表中的数据，则图表中对应的数据将会自动改变。

（3）选中图表，点击选择"格式"菜单中的"图表区"命令，可以对图表的格式进行修改。

## 五、综合计算处理

### 1. 引用单元格时使用的符号

（1）冒号（：）

冒号表示一个单元格区域。例如"C2：H2"表示 C2 到 H2 的所有单元格。

（2）逗号（，）

逗号可以将两个单元格引用联合起来，常用于处理一系列不连续的单元格。

（3）空格

空格运算符是一种求交集的符号，它表示两个单元格区域重叠的部分。

**2. 单元格地址的表述**

单元格地址的表述形式有四种。

（1）相对地址

（2）绝对地址

（3）混合地址

（4）工作表的地址

**3. 公式的输入**

在输入公式时，总是以等号"＝"作为开头，然后再输入公式的表达式。在单元格中输入公式的步骤如下：

（1）选择要输入公式的单元格。

（2）在编辑栏的输入框中输入一个等号"＝"，再输入表达式。表达式中可以包含各种算术运算符、常量、变量、函数和单元格地址等。

（3）按回车键或者单击编辑栏上的"输入"（✔）按钮完成公式的输入。如果要取消输入的公式，可以按编辑栏中的"取消"（✘）按钮，使输入的公式作废。

**4. 函数的使用方法**

Excel 中的函数是由函数名和用括号括起来的一系列参数构成。即：＜函数名＞（参数1，参数2…）。

Excel 函数中的参数有以下几种类型：

（1）数值

如：10，15.5，—20。

（2）字符串

如："Excel""工作簿""abc"。

（3）逻辑值

即 TRUE（成立）和 FALSE（不成立）。也可以是一个表达式，如"20＞10"，由表达式的结果判断是 TRUE 或 FALSE。

（4）错误值

当一个单元格中的公式无法计算时，在单元格中显示一个错误值。如：♯NAME?（无法识别的名字），♯UNM!（数字有问题）。

（5）引用

如：A10，＄B＄5，＄A12，B＄6，R1C1。可以引用一个单元格、单元格区域，或多重选择。引用可以是相对引用、绝对引用或混合引用。

（6）数组

数组可被用作参数，而且公式也可以数组形式输入。如果参加运算的单元格是一个区域，可以在函数的参数括号内只输入左上角的单元格地址和右下角的单元格地址，在这两个地址之间用冒号（：）隔开。比如，SUM（B3：E3）表示求 B3 到 E3 单元格区域数值的和。

## 六、高级统计分析

Excel 可以按照数据库的方式来管理工作表。比如，把数据清单（工作表）作为数据库处理，对其进行排序、筛选等操作。

**1. 筛选**

Excel 提供了"自动筛选"和"高级筛选"两种筛选方式。

**2. 分类汇总**

分类汇总的方式有求和、平均值、最小值、偏差、方差等十多种。

要想对表格中的某一字段进行分类汇总，必须先对该字段进行排序操作，且表格中的第一行必须有字段名，否则分类汇总的结果将会出现错误。

# 理论知识辅导练习题

**一、判断题**（下列判断正确的请在括号内打"√"，错误的请在括号内打"×"）

1. 在 Excel 2003 中，工作表中可以输入两类数据，常量值和函数。　　　　　　（　　）

2. 在 Excel 2003 中，常量值就是数字值。　　　　　　　　　　　　　　　　（　　）

3. 在 Excel 2003 中，为了避免把输入的分数视为日期，在分数前要输入 0 和空格。（　　）

4. 文本框是 Excel 2003 最基本的组成部分。　　　　　　　　　　　　　　　（　　）

5. 在 Excel 2003 中，如果要取消在当前单元格中输入的数据，可以按 Esc。　　（　　）

6. 在 Excel 2003 中，无论显示的数字位数有多少，Excel 2003 只保留 16 位的数字精度。　　　　　　　　　　　　　　　　　　　　　　　　　　　　　　　　（　　）

7. 在 Excel 2003 中，选中"区分大小写"复选框进行查找操作时，"a"和"A"表示不同的字符。　　　　　　　　　　　　　　　　　　　　　　　　　　　　　（　　）

8. 在 Excel 2003 的定位操作中，在"引用位置"编辑框中可指定要定位的单元格引用位置或命名区域。　　　　　　　　　　　　　　　　　　　　　　　　　　（　　）

9. 在 Excel 2003 中，为了使以后在查看工作表时能了解某些重要的单元格的含义，则可以给其添加说明信息。　　　　　　　　　　　　　　　　　　　　　　　（　　）

10. 在 Excel 2003 中，改变行高和列宽有五种方法。　　　　　　　　　（　　）

11. 快速创建图表时，先选取制作图表所需的数据区域，再按下 F12 键，即生成一个简单的柱形图。　　　　　　　　　　　　　　　　　　　　　　　　　　　（　　）

12. 在 Excel 2003 中，修改工作表中的数据，不会对图表中对应的数据产生影响。　（　　）

13. 在 Excel 2003 中，引用单元格时使用的符号中冒号的作用是确定单元格区域。（　　）

14. 在 Excel 2003 中，通过在单元格行号和列号前面添加符号"＄"来标识单元格地址为相对地址。　　　　　　　　　　　　　　　　　　　　　　　　　　（　　）

15. 在 Excel 2003 中，工作表地址的格式为工作表名？：单元格地址。　　（　　）

16. 在 Excel 2003 中输入公式时，总是以冒号作为开头。　　　　　　　（　　）

17. 在 Excel 2003 中，错误值"＃NAME?"代表无法识别的名字。　　　（　　）

18. Excel 2003 提供了自动筛选和高级筛选两种筛选方式。　　　　　　（　　）

19. Excel 2003 的分类汇总功能中，最常用的是对分类数据求和或最大值。（　　）

**二、单项选择题**（下列每题有 4 个选项，其中只有 1 个是正确的，请将其代号填写在横线空白处）

1. 在 Excel 2003 中，工作表中可以输入两类数据，常量值和_____。

　　A. 函数　　　　　　　　　　　　　B. 公式

　　C. 参数　　　　　　　　　　　　　D. 域值

2. 在 Excel 2003 中，_____是可以直接键入到单元格中的数据。

　　A. 常量值　　　　　　　　　　　　B. 函数值

　　C. 公式　　　　　　　　　　　　　D. 代数值

3. 在 Excel 2003 中，常量值可以是_____或者是文字。

　　A. 命令　　　　　　　　　　　　　B. 符号

　　C. 数字值　　　　　　　　　　　　D. 关键字

4. 在 Excel 2003 中，数字值包括日期、时间、货币、_____和符号。

　　A. 百分比、分数、波浪线　　　　　B. 百分比、分数、科学记数

　　C. 百分比、分数、空格计数　　　　D. 百分比、下划线、科学记数

5. 在 Excel 2003 中，为了避免把输入的分数视为日期，在分数前要输入_____。

　　A. 0 和空格　　　　　　　　　　　B. 0 或空格

　　C. 1 和空格　　　　　　　　　　　D. 1 或空格

6. _____是 Excel 2003 最基本的组成部分，它可以存储不同类型的数据。

　　A. 工作表　　　　　　　　　　　　B. 工作簿

　　C. 单元格　　　　　　　　　　　　D. 单位

7. 在 Excel 2003 中，单元格除了可以存储常见的数字、字符串、日期以外，还可以存储_____等。

    A. 系统文件                B. 程序

    C. 声音、图形           D. 文件夹

8. 在 Excel 2003 中，如果选定不相邻的单元格，可按住_____，利用鼠标单击所要选择的单元格。

    A. Shift 键            B. Ctrl 键

    C. Esc 键             D. Alt 键

9. 在 Excel 2003 中，确认输入的数据到单元格中，可以按_____。

    A. Tab 键            B. Enter 键

    C. Ctrl 键           D. Esc 键

10. 在 Excel 2003 中，如果要取消在当前单元格中输入的数据，可以按_____。

    A. Tab 键            B. Alt 键

    C. Ctrl 键           D. Esc 键

11. 无论显示的数字位数有多少，Excel 2003 都只保留_____的数字精度。

    A. 12 位            B. 13 位

    C. 14 位            D. 15 位

12. 无论显示的数字位数有多少，Excel 2003 都只保留 15 位的数字精度，剩余的都将_____属性。

    A. 不处理           B. 丢弃

    C. 舍入为零        D. 以最后的数字为开始向前覆盖

13. 在 Excel 2003 中，可以在数字中加入_____来区分位数。

    A. 逗号            B. 句号

    C. 引号            D. 顿号

14. 在 Excel 2003 中，在编辑栏中显示的数值没有逗号，表示该单元格中的数据为_____。

    A. 一个字符        B. 一个数值

    C. 一个符号        D. 一个数据

15. 在 Excel 2003 中，_____可以用来在电子表格中查找指定内容的数据。

    A. 查找操作        B. 定位操作

    C. 替换操作        D. 粘贴操作

16. "查找范围"下拉列表指的是搜索单元格的值、_____或批注。

A. 字符 B. 标号

C. 公式 D. 注释

17. 在 Excel 2003 中，选中"区分大小写"复选框进行查找操作时，以下说法正确的是_____。

A."a"和"A"表示不同的字符 B."a"和"A"表示相同的字符

C."a"和"a"表示不同的字符 D."b"和"B"表示相同的字符

18. 在 Excel 2003 中，使用_____可以自动替换查找到的数据。

A. 查找操作 B. 替换操作

C. 定位操作 D. 粘贴操作

19. 在 Excel 2003 中，选择"_____"菜单中的"替换"命令，可以打开"查找和替换"对话框。

A. 编辑 B. 文件

C. 工具 D. 窗口

20. 在 Excel 2003 的定位操作中，在"_____"编辑框中可指定要定位的单元格引用位置或命名区域。

A. 引用位置 B. 查找

C. 替换 D. 选项

21. 在 Excel 2003 中的"定位"列表中，可以看到最近_____使用"定位"命令的引用位置。

A. 三个 B. 四个

C. 五个 D. 六个

22. 在 Excel 2003 中，为了使以后在查看工作表时能了解某些重要的单元格的含义，可以给其添加_____。

A. 注释标记 B. 解释框

C. 批注信息 D. 注意

23. 在 Excel 2003 中，通过改变_____能把整个单元格中的数据完全显示出来。

A. 行高和行宽 B. 行高和列宽

C. 列高和列宽 D. 整个行高

24. 在 Excel 2003 中，使用_____菜单中的"行"和"列"选择项可以对单元格大小进行精确调整。

A. 格式 B. 插入

C. 工具 D. 编辑

25. 在 Excel 2003 中，改变行高和列宽有_____方法。

    A. 两种
                   B. 三种

    C. 四种
                   D. 五种

26. 在 Excel 2003 中，用鼠标左键拖动行标的_____可改变行高。

    A. 中间
                   B. 边界线

    C. 右下角
                   D. 左上角

27. 在 Excel 2003 中，鼠标指针指向要改变行高的边线上，鼠标指针变成一个_____箭头。

    A. 单向垂直
                   B. 三角形

    C. 双向垂直
                   D. 小正方形

28. 在 Excel 2003 中，改变行高时按住鼠标左键向上或向下拖曳鼠标，随着鼠标的移动，相应的高度网格线也随之移动，并且在屏幕上显示当前_____。

    A. 整个单元格的平均高度
         B. 列表的高度值

    C. 单元格高度值
            D. 单元格的默认高度值

29. 快速创建图表时，先选取制作图表所需的数据区域，再按下_____，即生成一个简单的柱形图。

    A. F11 键
                   B. F9 键

    C. F8 键
                   D. F5 键

30. 创建完图表后，可以利用"_____"菜单对图表进行修改。

    A. 工具
                   B. 图表

    C. 视图
                   D. 数据

31. 在 Excel 2003 中，要修改图表的格式，可以选择"_____"菜单中的相关命令。

    A. 工具
                   B. 图表

    C. 视图
                   D. 格式

32. 在 Excel 2003 中，修改了工作表中的数据，图表中对应的数据_____。

    A. 不变
                   B. 需手动改变

    C. 自动改变
                 D. 以上都不对

33. 在 Excel 2003 中，引用单元格时_____的作用是确定单元格区域。

    A. 逗号
                   B. 句号

    C. 分号
                   D. 冒号

34. 在 Excel 2003 中，"_____"表示 C2 到 H2 的所有单元格。包括 C2、D2、E2、F2、G2、H2。

    A. C2. H2　　　　　　　　　　　　　B. C2，H2

    C. C2：H2　　　　　　　　　　　　　D. C2；H2

35. 在 Excel 2003 中，_____可以将两个单元格引用名联合起来，常用于处理一系列不连续的单元格。

    A. 冒号　　　　　　　　　　　　　　B. 句号

    C. 分号　　　　　　　　　　　　　　D. 逗号

36. 单元格行号和列号前面添加符号_____用来标识单元格地址为绝对地址。

    A. "%"　　　　　　　　　　　　　　B. "$"

    C. "&."　　　　　　　　　　　　　　D. "+"

37. 在 Excel 2003 中，使用绝对地址的特点是，当公式移动或复制到一个新的位置时，公式中的绝对地址_____。

    A. 会发生变化　　　　　　　　　　　B. 不会发生变化

    C. 变化并且也格式改变　　　　　　　D. 不变但是格式变化

38. 在 Excel 2003 中，以下工作表的地址引用格式正确的为_____。

    A. ＃A2　　　　　　　　　　　　　　B. A＃2

    C. $ $ A2　　　　　　　　　　　　　D. $ A2

39. 在 Excel 2003 中，工作表的_____为工作表名！：单元格地址。

    A. 表达格式　　　　　　　　　　　　B. 书写格式

    C. 地址的格式　　　　　　　　　　　D. 写入格式

40. 在 Excel 2003 中，地址的引用可以在同一张工作表内，也可以在不同工作表之间，甚至在不同_____之间。

    A. 表格　　　　　　　　　　　　　　B. 工作簿

    C. 工作区域　　　　　　　　　　　　D. 应用办公软件

41. 在 Excel 2003 中，在不同工作簿之间发生的引用称为外部引用，引用其他程序中的数据称为_____。

    A. 远程引用　　　　　　　　　　　　B. 远程调用

    C. 数据导入　　　　　　　　　　　　D. 数据库连接

42. 在 Excel 2003 中，在输入公式时，总是以_____作为开头。

    A. 冒号　　　　　　　　　　　　　　B. 等号

    C. 井号　　　　　　　　　　　　　　D. 百分号

43. 在 Excel 2003 中，错误值"＃NAME?"代表_____。

    A. 无法识别的名字　　　　　　　　　B. 数字有问题

C. 引用了无效的单元格　　　　　　　D. 两个单元格区域没有共有的单元格

44. 在 Excel 2003 中，表示数字有问题的符号是_____。

　　A. ♯NAME?　　　　　　　　　　　B. NAME?

　　C. NUM!　　　　　　　　　　　　D. ♯NUM!

45. 在 Excel 2003 中，Sum 表示_____。

　　A. 函数求和　　　　　　　　　　B. 对数据项求商

　　C. 函数求积　　　　　　　　　　D. 函数求差

46. Excel 2003 具有简单的_____功能。

　　A. 数据库处理　　　　　　　　　B. 图像处理

　　C. 视频处理　　　　　　　　　　D. 音频处理

47. Excel 2003 提供了"自动筛选"和_____两种筛选方式。

　　A. 手动筛选　　　　　　　　　　B. 快速筛选

　　C. 高级筛选　　　　　　　　　　D. 低级筛选

48. 在 Excel 2003 中，以下说法正确的是_____。

　　A. 手动筛选操作简单，可满足大部分使用的需要

　　B. 自动筛选操作简单，可满足大部分使用的需要

　　C. 高级筛选操作简单，可满足大部分使用的需要

　　D. 高级筛选操作复杂，可满足大部分使用的需要

49. 分类汇总功能中，最常用的是对分类数据_____。

　　A. 求和或平均值　　　　　　　　B. 求和或最大值

　　C. 求最大值或平均值　　　　　　D. 求最大值或最小值

50. 在 Excel 2003 中，要想对表格中的某一字段进行分类汇总，表格中的_____必须有字段名。

　　A. 第一行　　　　　　　　　　　B. 第二行

　　C. 第三行　　　　　　　　　　　D. 最后一行

# 操作技能辅导练习题

1. 考核要求

打开"素材库（中级）\ 考生素材 1 \ 文件素材 5—1. xls"，将其以"中级 5—1. xls"为文件名保存至考生文件夹中，进行以下操作。

（1）数据输入与编辑处理

1）数据编辑：将 Sheet1 工作表表格中的第三行（空白行）删除，在第一列前插入一新列，列名为"编号"。

2）数据输入：在 Sheet1 工作表中，用快速输入的方法输入第一列的"编号"。如图 5—1 所示。

（2）数据查找与替换

在 Sheet1 工作表中，查找出数据"21"，将查找出的数据全部替换为数据"25"。

（3）表格高级格式化处理

1）单元格编辑：将单元格区域 A1：G1 设置为合并居中的格式，标题文本的字体为华文中宋、16 磅，并填充浅绿色底纹。

2）添加批注：分别为 E2、F2 单元格添加批注"单位：元"，添加完毕后隐藏批注。

3）自动套用格式：在 Sheet1 工作表中，将除标题行以外的整个表格自动套用"序列 1"的表格样式。

（4）对象基本处理

1）插入对象：在 Sheet1 工作表中表格的下方插入图示，图示类型为"循环图"，设置图示的高度与宽度均为 9 厘米，并为图示自动套用"原色"的图示样式。

2）创建图表：利用 Sheet1 工作表中"最高价格""最低价格"等相应数据创建一个分离型圆环图，将其作为对象插入到 Sheet2 工作表中。

3）编辑图表：数据标签显示为百分比，图例在图表区的底部显示。

4）修饰图表：为图表添加标题"装修材料价格表"，字体为方正姚体、20 磅、绿色；将图例区和数据标签的字体均设置为华文楷体、11 磅。并为图表区添加"花束"纹理的背景效果。

（5）综合计算处理

1）公式关系计算：在 Sheet1 工作表中，利用关系公式分别计算出各类商品的平均价格，将结果填到相应的单元格中。

2）函数的运用：在 Sheet1 工作表 G11 单元格处，使用"计数"函数计算"平均价格"（G 列）数值的个数。

（6）高级统计分析

1）复杂排序：在 Sheet1 工作表表格中，以"平均价格"为主要关键字、"编号"为次要关键字、"规格"为第三关键字，进行升序排序。

2）高级筛选：在 Sheet3 工作表表格中利用高级筛选的方法，筛选出"单位"是"B厂""最高价格（元）"大于"20"的相关信息，并指定在原有区域显示筛选结果。

3）分类汇总：在 Sheet4 工作表中以"单位"为分类字段，分别以"最高价格""最低价格"为汇总项，进行求"计数"值的分类汇总。

本试题的操作过程中，参照图5—1、图5—2、图5—3的格式完成。

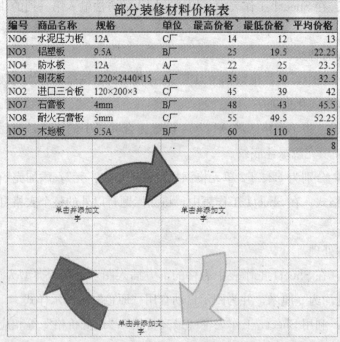

| 部分装修材料价格表 | | | | | | |
|---|---|---|---|---|---|---|
| 编号 | 商品名称 | 规格 | 单位 | 最高价格 | 最低价格 | 平均价格 |
| NO6 | 水泥压力板 | 12A | C厂 | 14 | 12 | 13 |
| NO3 | 铝塑板 | 9.5A | B厂 | 25 | 19.5 | 22.25 |
| NO4 | 防水板 | 12A | A厂 | 22 | 25 | 23.5 |
| NO1 | 刨花板 | 1220×2440×15 | A厂 | 35 | 30 | 32.5 |
| NO2 | 进口三合板 | 120×200×3 | C厂 | 45 | 39 | 42 |
| NO7 | 石膏板 | 4mm | B厂 | 48 | 43 | 45.5 |
| NO8 | 耐火石膏板 | 5mm | C厂 | 55 | 49.5 | 52.25 |
| NO5 | 木地板 | 9.5A | B厂 | 60 | 110 | 85 |
| | | | | | | 8 |

图5—1

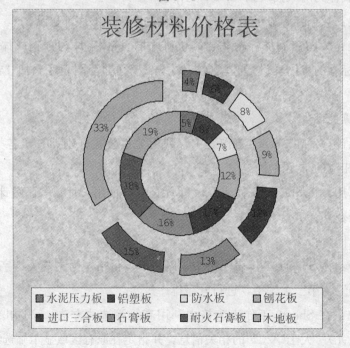

图5—2

| 部分装修材料价格表 | | | | |
|---|---|---|---|---|
| 商品名称 | 规格 | 单位 | 最高价格（元） | 最低价格（元） |
| 铝塑板 | 9.5A | B厂 | 21 | 19.5 |
| 木地板 | 9.5A | B厂 | 60 | 110 |
| 石膏板 | 4mm | B厂 | 48 | 43 |

| 部分装修材料价格表 | | | | |
|---|---|---|---|---|
| 商品名称 | 规格 | 单位 | 最高价格（元） | 最低价格（元） |
| | | A厂　计数 | 2 | 2 |
| | | B厂　计数 | 3 | 3 |
| | | C厂　计数 | 3 | 3 |
| | | 总计数 | 8 | 8 |

图 5—3

2. 考核时限

完成本题操作基本时间为 25 min；超出要求时间 5 min 内（含）扣 2 分，超出要求时间 5 min 以上停止操作。

# 参考答案
## 理论知识辅导练习题参考答案

### 一、判断题

1. ×　2. ×　3. √　4. ×　5. √　6. ×　7. √　8. √　9. ×　10. ×　11. ×　12. ×　13. √　14. ×　15. ×　16. ×　17. √　18. √　19. ×

### 二、单项选择题

1. B　2. A　3. C　4. B　5. A　6. C　7. C　8. B　9. B　10. D　11. D　12. C　13. A　14. B　15. A　16. C　17. A　18. B　19. A　20. A　21. B　22. C　23. B　24. A　25. A　26. B　27. C　28. C　29. A　30. B　31. D　32. C　33. D　34. C　35. D　36. B　37. B　38. D　39. C　40. B　41. A　42. B　43. A　44. D　45. A　46. A　47. C　48. B　49. A　50. A

# 操作技能辅导练习题参考答案

1. 操作步骤及注意事项

（1）数据输入与编辑处理

1）数据编辑：选中第 3 行（空白行），执行"编辑"菜单下的"删除"命令将该空行删除。选中第 A 列，执行"插入"菜单下的"列"命令即可在该列前插入一新列。选中 A2 单元格并输入文本"编号"。

2）数据输入：选中 A3 单元格并输入编号"NO1"，移动光标到该单元格的右下方，当光标变成黑色十字形状时向下拖曳鼠标，拖曳至 A10 单元格处松开鼠标，选取范围内的单元格便会自动填充为 NO1，NO2，NO3……的序列了。如图 5—4 所示。

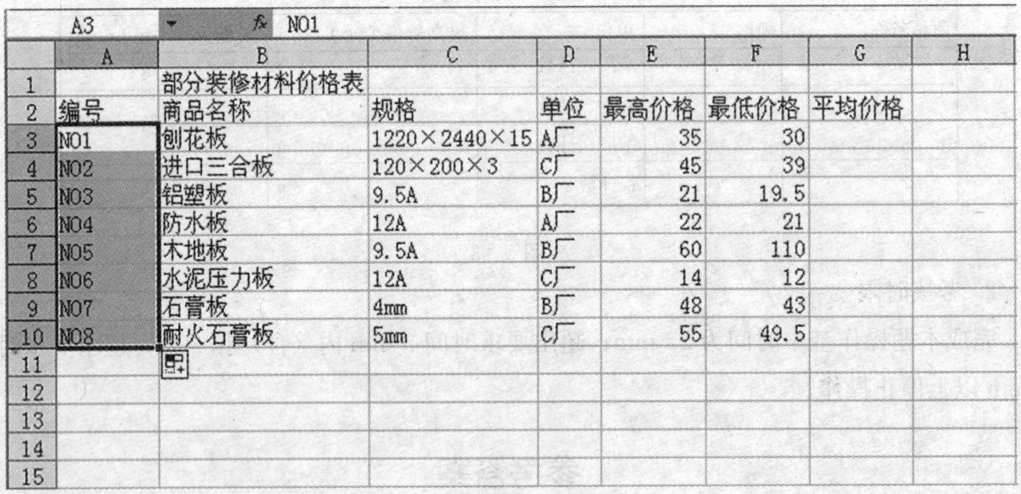

图 5—4

（2）数据查找与替换

在 Sheet1 工作表中，选择"编辑"菜单中的"替换"命令，弹出如图 5—5 所示的"查找和替换"对话框，在"查找内容"栏内输入数据"21"，在"替换为"栏内输入数据"25"，单击"全部替换"按钮。

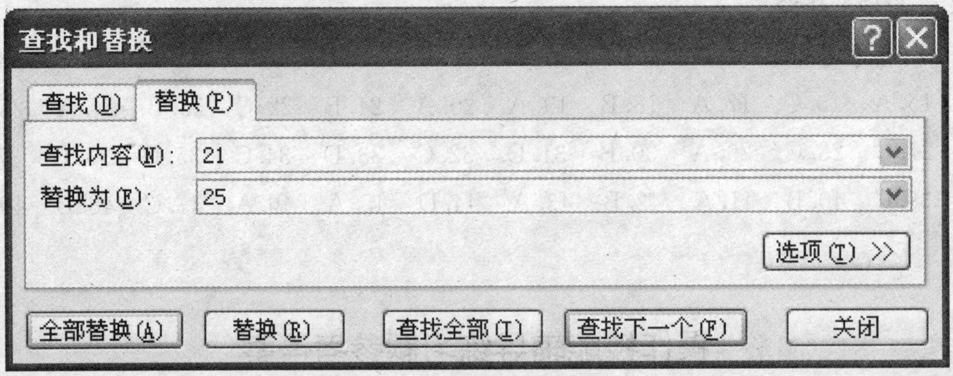

图 5—5

（3）表格高级格式化处理

1）单元格编辑：选中单元格区域 A1：G1，在格式工具栏中单击"合并及居中"（图标）

按钮。选择"格式"菜单下的"单元格"命令，弹出如图 5—6 所示的"单元格格式"对话框。在"字体"选项卡中，设置字体为华文中宋、字号 16 磅。

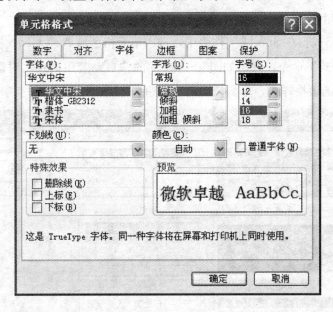

图 5—6

在"图案"选项卡中，将单元格底纹设置为浅绿色，如图 5—7 所示，单击"确定"按钮。

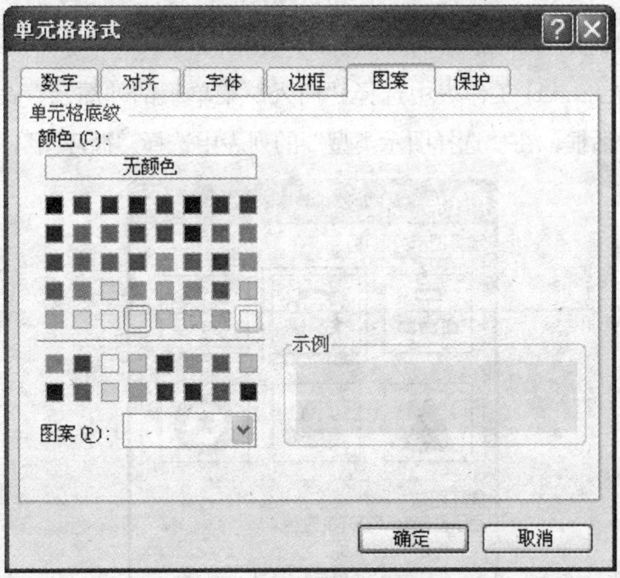

图 5—7

2) 添加批注：分别选中 E2 和 F2 单元格，执行"插入"菜单下的"批注"命令，在所选单元格右上方出现的批注文本框中输入批注文字"单位：元"。鼠标右键单击含有批注的单元格，在弹出的下拉列表中选择"隐藏批注"命令。

3) 自动套用格式：在 Sheet1 工作表中，选中单元格区域 A2：G10，执行"格式"菜单下的"自动套用格式"命令，弹出如图 5—8 所示的"自动套用格式"对话框，在格式列表中选择"序列 1"的表格样式，单击"确定"按钮。

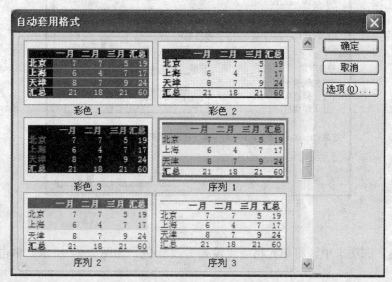

图 5—8

（4）对象基本处理

1) 插入对象：在 Sheet1 工作表中选择"插入"菜单下的"图示"命令，弹出如图 5—9所示的"图示库"对话框，在"选择图示类型"的列表中选择"循环图"，单击"确定"按钮。

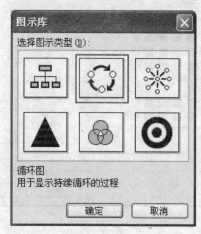

图 5—9

鼠标双击已插入图示的边框，弹出如图 5—10 所示的"设置图示格式"对话框，在"大小"选项卡中，将高度和宽度均设置为"9 厘米"，单击"确定"按钮。

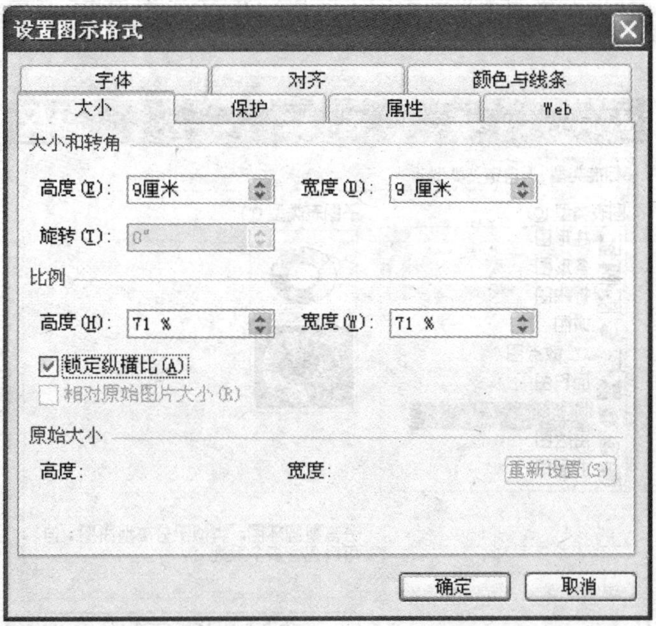

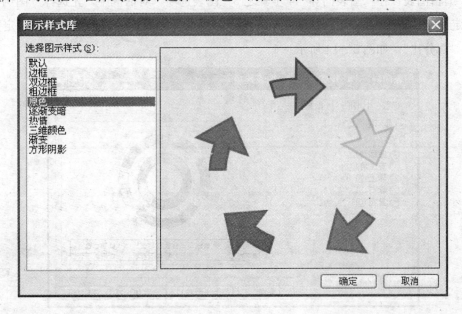

图 5—10

单击"图示"工具栏上的"自动套用格式"（　）按钮，弹出如图 5—11 所示的"图示样式库"对话框，在样式列表中选择"原色"的图示样式，单击"确定"按钮。

图 5—11

2）创建图表：在 Sheet1 工作表中同时选定 B2：B10 和 E2：F10 单元格区域，选择"插入"菜单下的"图表"命令，弹出如图 5—12 所示的"图表向导"对话框，在图表类型列表中选择"圆环图"，在子图表类型列表中选择"分离型圆环图"的图表样式，单击"下一步"按钮。

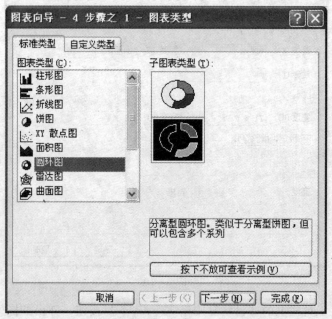

图 5—12

3）编辑图表：在"图表向导—4 步骤之 3—图表选项"对话框中，先选择"图例"选项卡，设定图例位置为"底部"，如图 5—13 所示。再选择"数据标志"选项卡，设定数据标签包括"百分比"。如图 5—14 所示。

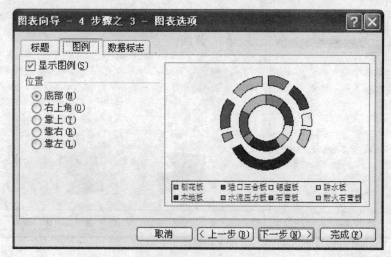

图 5—13

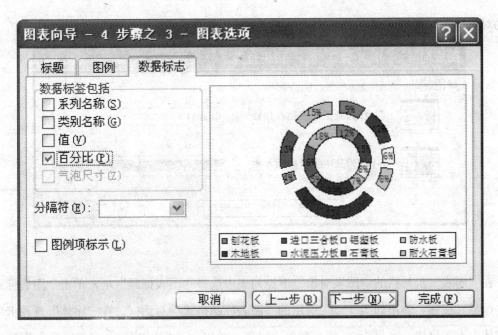

图 5—14

4）修饰图表：如图 5—15 所示，在"图表向导—4 步骤之 3—图表选项"对话框的"标题"选项卡中，在"图表标题"框中添加标题"装修材料价格表"，单击"下一步"按钮。

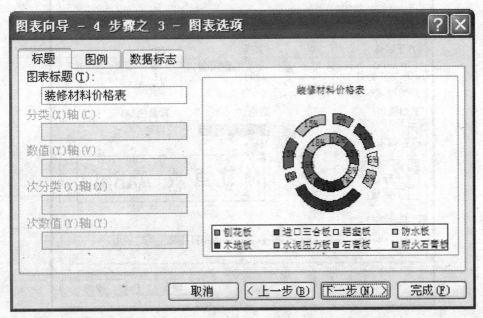

图 5—15

如图 5—16 所示，在"图表向导—4 步骤之 4—图表位置"对话框中，将图表"作为其中的对象插入"到 Sheet2 工作表中，单击"完成"按钮。

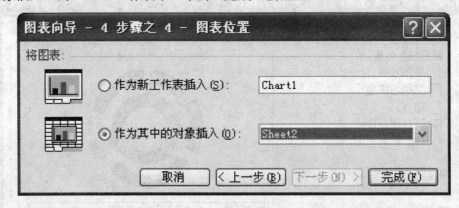

图 5—16

在"图表"工具栏的"图表对象"下拉列表中选择"图表标题"项，单击"图表标题格式"（）按钮，弹出如图 5—17 所示的"图表标题格式"对话框，在"字体"选顶卡中设置字体为方正姚体，字号为 20 磅，颜色为绿色，单击"确定"按钮。图例区和数据标签的字体设置与之相同，在此不再重复叙述。

图 5—17

在"图表"工具栏的"图表对象"下拉列表中选择"图表区"选项，单击"图表区格式"（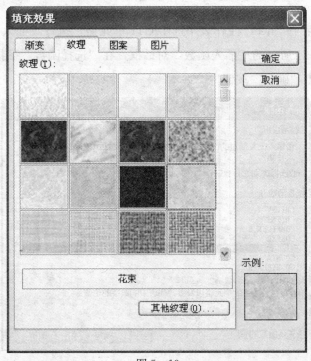按钮，弹出如图5—18所示的"图表区格式"对话框，单击"填充效果"按钮。

图 5—18

如图5—19所示，在"填充效果"对话框的"纹理"选项卡下，选择"花束"的纹理效果，单击"确定"按钮完成设置。

图 5—19

（5）综合计算处理

1）公式关系计算：在 Sheet1 工作表的 G3 单元格中输入公式"＝（E3＋F3）/2"，按回车键即可求出"平均价格"。移动光标到该单元格的右下方，当光标变成黑色十字形状时向下拖曳鼠标，拖曳至 F10 单元格处松开鼠标，在"自动填充选项"的下拉列表中选择"不带格式填充"，如图 5—20 所示。

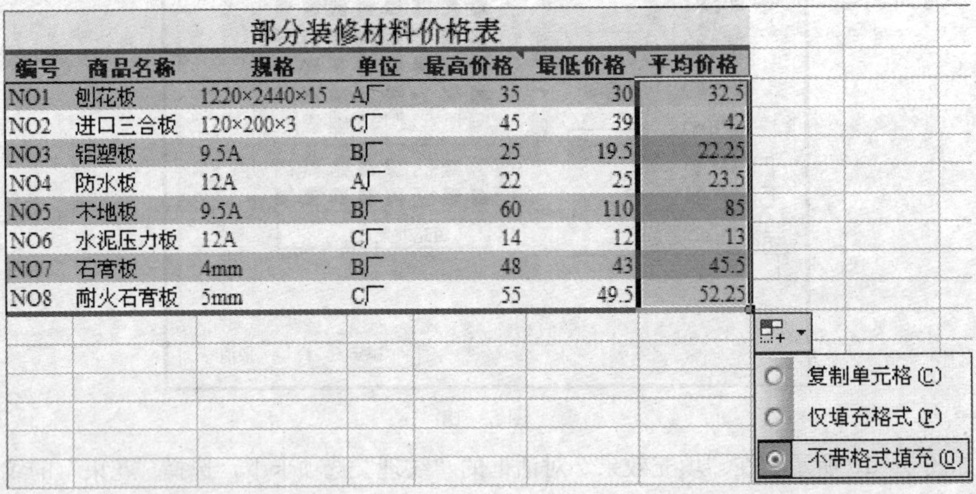

图 5—20

2）函数的运用：在 Sheet1 工作表中选中 G11 单元格，执行"插入"菜单下的"函数"命令，弹出如图 5—21 所示的"插入函数"对话框，在"选择函数"下拉列表中选择计数函数"COUNT"，单击"确定"按钮。

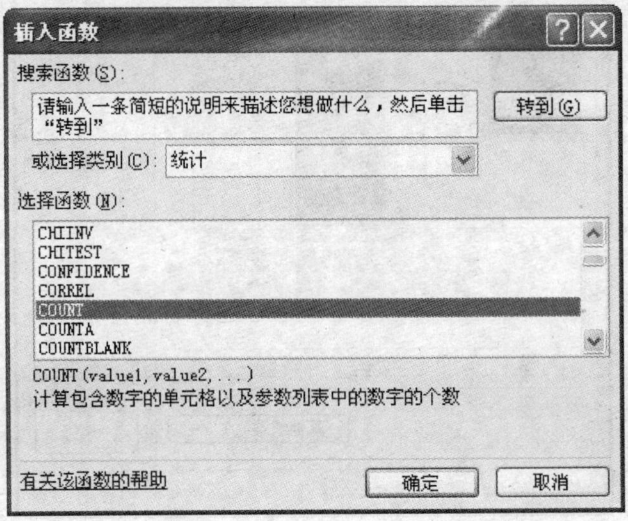

图 5—21

如图 5—22 所示，在"函数参数"对话框中，单击 Value1 后的折叠按钮，在数据区域选定 G3：G10 单元格区域，单击"确定"按钮。

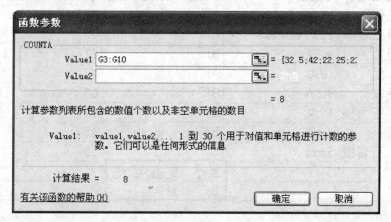

图 5—22

（6）高级统计分析

1）复杂排序：在 Sheet1 工作表中选中 A2：G10 单元格区域，执行"数据"菜单下的"排序"命令，弹出如图 5—23 所示的"排序"对话框，在"主要关键字"下拉列表中选择"平均价格"，在"次要关键字"下拉列表中选择"编号"，在"第三关键字"下拉列表中选择"规格"，最后为三种关键字选择"升序"方式，单击"确定"按钮完成排序。

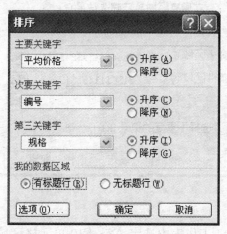

图 5—23

2）高级筛选：如图 5—24 所示，在 Sheet3 工作表的 C11 单元格中输入被筛选的字段名称"单位"，在紧靠其下方的 C12 单元格中输入筛选条件"B 厂"，在 D11 单元格中输入被筛选的字段名称"最高价格（元）"，在紧靠其下方的 D12 单元格中输入筛选条件">20"。

依次点击"数据"→"筛选"→"高级筛选"命令，弹出如图 5—25 所示的"高级筛

## 部分装修材料价格表

| 商品名称 | 规格 | 单位 | 最高价格(元) | 最低价格(元) |
|---|---|---|---|---|
| 刨花板 | 1220×2440×15 | AΓ | 35 | 30 |
| 进口三合板 | 1220×2440×3 | CΓ | 45 | 43 |
| 铝塑板 | 9.5A | BΓ | 21 | 19.5 |
| 防水板 | 12A | AΓ | 22 | 20.4 |
| 木地板 | 9.5A | BΓ | 60 | 110 |
| 水泥压力板 | 12A | CΓ | 14 | 12 |
| 石膏板 | 4mm | BΓ | 48 | 43 |
| 耐火石膏板 | 5mm | CΓ | 55 | 49.5 |
| | | 单位 | 最高价格(元) | |
| | | BΓ | >20 | |

图 5—24

选"对话框，选择方式为"在原有区域显示筛选结果"，单击"列表区域"后的折叠按钮，在数据区域选定 A2：E10 单元格区域。单击"条件区域"后的折叠按钮，在数据区域选定 C11：D12 单元格区域，单击"确定"按钮。

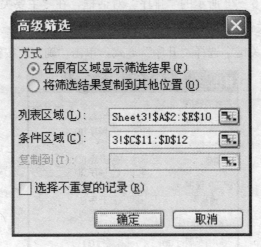

图 5—25

3）分类汇总：在 Sheet4 工作表中选定 A2：E10 单元格区域，执行"数据"菜单下的"排序"命令，在"主要关键字"下拉列表中选择"单位"，排序方式为升序。再执行"数据"菜单下的"分类汇总"命令，弹出如图 5—26 所示的"分类汇总"对话框，在"分类字段"下拉列表中选择"单位"，在"汇总方式"下拉列表中选择"计数"，在"选定汇总项"下拉列表中选择"最高价格（元）"和"最低价格（元）"，单击"确定"按钮。

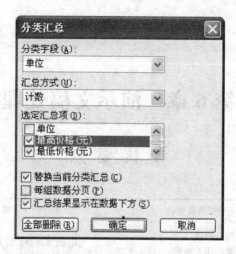

图 5—26

## 2. 评分项目及标准

| 评分项目 | 评分要点 | 配分 | 评分标准及扣分 |
|---|---|---|---|
| 数据输入<br>与编辑处理 | 数据输入<br>数据编辑 | 2分 | 数据输入正确得1分，否则不得分 |
| | | | 数据编辑正确得1分，否则不得分 |
| 数据查找<br>与替换 | 查找内容<br>替换内容 | 2分 | 查找操作正确得1分，否则不得分 |
| | | | 替换操作正确得1分，否则不得分 |
| 表格高级格<br>式化处理 | 合并、拆分单元格<br>添加批注<br>自动套用表格格式 | 3分 | 合并、拆分单元格操作正确得1分，否则不得分 |
| | | | 正确添加批注得1分，否则不得分 |
| | | | 正确套用表格格式得1分，否则不得分 |
| 对象基<br>本处理 | 插入图片或图示<br>创建图表<br>编辑图表<br>修饰图表 | 4分 | 正确插入图片或图示得1分，否则不得分 |
| | | | 创建图表操作正确得1分，否则不得分 |
| | | | 编辑图表操作正确得1分，否则不得分 |
| | | | 修饰图表操作正确得1分，否则不得分 |
| 综合计<br>算处理 | 引用关系计算<br>使用函数计算 | 3分 | 正确运用关系公式得1分，否则不得分 |
| | | | 计算结果正确得1分，否则不得分 |
| | | | 正确使用函数进行计算得1分，否则不得分 |
| 高级统<br>计分析 | 高级筛选操作<br>复杂排序操作<br>分类汇总操作 | 6分 | 高级筛选操作正确得2分，否则不得分 |
| | | | 复杂排序操作正确得2分，否则不得分 |
| | | | 分类汇总操作正确得2分，否则不得分 |

# 第6章　演示文稿处理

## 考 核 要 点

| 考核范围 | 理论知识考核要点 | 操作技能考核要点 |
|---|---|---|
| 幻灯片模板制作和版式设计 | 1. 掌握设计模板的内容<br>2. 掌握配色方案的相关知识<br>3. 掌握创建动画效果的相关知识 | 1. 能够选择幻灯片模板配色方案<br>2. 能够设置幻灯片模板动画方案 |
| 幻灯片效果处理 | 1. 掌握色彩的含义<br>2. 掌握色调的分类<br>3. 掌握颜色的搭配<br>4. 掌握色彩应用的误区<br>5. 掌握色调与场合的关系<br>6. 掌握背景的设置 | 1. 能够进行版式与色彩应用<br>2. 能够添加、更改、设置幻灯片背景及背景音乐 |
| 幻灯片图像处理 | 1. 掌握图片的插入方法<br>2. 掌握剪贴画的插入方法 | 1. 能够在幻灯片中选择、设置动作按钮及其格式<br>2. 能够在幻灯片中插入图形图像并进行效果处理 |
| 幻灯片放映设置 | 1. 掌握演讲者放映方式的特点<br>2. 掌握幻灯片的放映方式<br>3. 掌握幻灯片放映的控制 | 1. 能够设置幻灯片放映类型与换片方式<br>2. 能够设置幻灯片放映选项 |
| 幻灯片打印设置 | 1. 掌握页面的设置<br>2. 掌握打印机的设置 | 1. 能够设置幻灯片打印形式<br>2. 能够设置幻灯打印颜色 |
| 幻灯片动画设置 | 1. 掌握动画与项目的关系<br>2. 掌握预览效果的方法<br>3. 掌握动画效果的分类 | 1. 能够设置鼠标动作效果<br>2. 能够设置自定义动画效果 |

## 重点复习提示

### 一、幻灯片模板制作和版式设计

**1. 设计模板的相关知识**

设计模板包含预定义的格式和配色方案，它们可以应用到任意演示文稿中。

**2. 配色方案的相关知识**

配色方案是一组可用于演示文稿的预设颜色。它由背景、文本和线条、阴影、标题文本、填充、强调、强调文字和超链接、强调文字和已访问的超链接 8 种颜色设置组成。配色方案决定了整个演示文稿的颜色风格。

**3. 创建动画效果的相关知识**

用户可以在幻灯片中为文本、形状、声音、图像和其他对象创建动画效果，提高演示文稿的趣味性。

## 二、幻灯片效果处理

**1. 色彩的含义**

色彩的种类很多，常见的色彩一般有如下含义：

红色：代表热情、奔放、喜悦、庆典

黑色：代表严肃、夜晚、沉着

黄色：代表高贵、富有

白色：代表纯洁、简单

蓝色：代表天空、清爽

绿色：代表植物、生命、生机

灰色：代表阴暗、消极

紫色：代表浪漫、爱情

棕色：代表土地

**2. 色调的分类**

如果按照色相来划分调子，暖色（红、橙、黄）属于高调，给人热情、奔放的感觉；绿色属于中调，遇暖则暖、遇冷则冷；冷色（青、蓝、紫）属于低调色彩，给人忧郁、宁静的感觉。

**3. 颜色的搭配**

中间调与高调搭配，变得活泼，与低调搭配变得稳重。

**4. 色彩应用的误区**

（1）不要将所有颜色都用到，尽量控制在三种色彩以内。

（2）背景和正文的对比尽量要大，尽量不要用花纹繁复的图案作为背景，以便突出主要文字内容。

**5. 色调与场合的关系**

一般来说，高调色彩给人的感觉喜庆、活泼，所以一般用于庆典场合，如高长调、高中调、高短调。而低调色彩给人感觉宁静、庄重、忧郁，适合一些比较庄重的场合，如低长调、低中调、低短调。

## 三、幻灯片图像处理

### 1. 图片的插入方法

如果没有内容占位符，用户可以单击"插入"→"图片"→"来自文件"命令，选择和插入图片。

### 2. 剪贴画的插入方法

如果没有内容占位符，用户可以单击"插入"→"图片"→"剪贴画"命令，选择和插入剪贴画。

## 四、幻灯片放映设置

### 1. 演讲者放映方式的特点

当采用演讲者放映（全屏幕）这种放映方式时，演讲者具有充分的控制权，可以采用自动或人工的方式放映演示文稿。演示既可以暂停，添加会议细节，也可以在放映过程中录下旁白。

### 2. 幻灯片的放映方式

在计算机上放映演示文稿，一般说，可以用三种放映方式。选择"幻灯片放映"菜单中"设置放映方式"命令，打开"设置放映方式"对话框后在"放映类型"栏中，选择所需方式。

（1）演讲者放映（全屏幕）。

（2）观众自行浏览（窗口）。

（3）在展台浏览（全屏幕）。

### 3. 幻灯片放映的控制

（1）使用控制键

在放映时，按 F1 键可以显示"幻灯片放映帮助"窗口，窗口中显示常见快捷键。通过键盘或鼠标可以控制放映流程和效果。

（2）使用控制按钮（ ）。

## 五、幻灯片打印设置

### 1. 页面的设置

（1）选择"文件"菜单中的"页面设置"命令，弹出"页面设置"对话框。

（2）在"幻灯片大小"下拉列表中单击所需的选项，在 Letter 纸张、A4 纸张、35 毫米幻灯片、投影机幻灯片、横幅等选项中选择所需尺寸。如果选择"自定义"项，需要在"宽度"和"高度"框中分别输入相应的数值（以厘米为单位）。

（3）在"幻灯片"栏中单击"纵向"或"横向"单选按钮设置幻灯片版式。在"备注页、讲义和大纲"栏单击"纵向"或"横向"单选按钮。

（4）在"幻灯片编号初始值"框中键入合适数字作为幻灯片的起始编号。

（5）单击"确定"按钮。

**2. 打印机的设置**

（1）选择"文件"菜单中的"打印"命令，弹出"打印"对话框。

（2）在"打印机"栏的"名称"下拉列表中，可以选择要使用的打印设备。

（3）在"打印范围"栏中，选择要打印哪些幻灯片。

（4）在"打印内容"下拉列表中选择要打印的内容。

（5）在"打印份数"框下输入要打印的份数。

（6）在"颜色/灰度"下拉列表中可以选择打印的色彩。

（7）单击"确定"按钮，打印演示文稿。

## 六、幻灯片动画设置

**1. 动画与项目的关系**

用户可以为演示文稿中的项目（如文本和对象）自定义动画效果，并将动画应用于幻灯片中所有的项目或单个项目。单个项目可以应用多个动画。

**2. 预览效果的方法**

为项目定义动画效果时，如果"预览效果"复选框处于选中状态，则可以在幻灯片视图中立刻观察到动画效果。

**3. 动画效果的分类**

PowerPoint 2003 的动画效果一般分为 4 类，包括进入、强调、退出和动作路径。

# 理论知识辅导练习题

**一、判断题**（下列判断正确的请在括号内打"√"，错误的请在括号内打"×"）

1. 在 PowerPoint 2003 中，设计模板可以应用到任意演示文稿中。　　　　　　（　　）

2. 在 PowerPoint 2003 中，配色方案提供 10 种颜色设置。　　　　　　　　　（　　）

3. 在 PowerPoint 2003 中，用户可以在幻灯片中为对象创建动画效果，其对象可以是文本、格式和属性。　　　　　　　　　　　　　　　　　　　　　　　　　　　（　　）

4. 在 PowerPoint 2003 中，蓝色代表天空、清爽。　　　　　　　　　　　　　（　　）

5. 在 PowerPoint 2003 中，色彩的种类很多，其中绿色代表"植物、生命、生机"的含

义。 （　　）

6. 在 PowerPoint 2003 中，蓝色属于暖色调。 （　　）

7. 在 PowerPoint 2003 中，绿属于高调，遇暖则暖、遇冷则冷。 （　　）

8. 在 PowerPoint 2003 中，在色彩搭配上，中间调与高调搭配，变得稳重，与低调搭配变得活泼。 （　　）

9. 在 PowerPoint 2003 中，高调色彩给人的感觉喜庆、活泼，所以一般用于庆典场合。 （　　）

10. 在 PowerPoint 2003 的一个幻灯片中，不要将所有颜色都用到，尽量控制在三种色彩以内。 （　　）

11. 在 PowerPoint 2003 中，如果没有内容占位符，用户可以单击"工具"→"图片"→"剪贴画"命令，选择和插入剪贴画。 （　　）

12. 在 PowerPoint 2003 中，如果没有内容占位符，用户也可以单击"工具"→"图片"→"图片"命令，来选择和插入图片。 （　　）

13. 在 PowerPoint 2003 中，放映演示文稿时，可以使用控制键，通过键盘或鼠标控制放映流程和效果。 （　　）

14. 在 PowerPoint 2003 中，共有两种放映类型。 （　　）

15. 在 PowerPoint 2003 中，当采用"演讲者放映"方式时，演讲者具有充分的控制权。 （　　）

16. 在 PowerPoint 2003 中，当采用"观众自行浏览"方式时，演讲者具有充分的放映权。 （　　）

17. 在 PowerPoint 2003 中，幻灯片版式有两种，分别是横向和竖向。 （　　）

18. 在 PowerPoint 2003 的打印对话框中，在"打印范围"框下输入要打印的份数。 （　　）

19. 在 PowerPoint 2003 中，单个项目仅可以应用一个动画。 （　　）

20. "模糊"不属于 PowerPoint 2003 的动画效果。 （　　）

21. 在 PowerPoint 2003 中，如果"预览效果"复选框处于选中状态，则可以在幻灯片视图中立刻观察到动画效果。 （　　）

**二、单项选择题**（下列每题有 4 个选项，其中只有 1 个是正确的，请将其代号填写在横线空白处）

1. 在 PowerPoint 2003 中，_____包含预定义的格式和配色方案。

    A. 设计模板　　　　　　　　　B. 设计主题

    C. 设计风格　　　　　　　　　D. 设计方案

2. 在 PowerPoint 2003 中，_____是一组可用于演示文稿的预设颜色。

A. 颜色方案　　　　　　　　　　　B. 配色方案

C. 设计模板　　　　　　　　　　　D. 动画效果

3. 在 PowerPoint 2003 中，_____决定了整个演示文稿的颜色风格。

A. 颜色方案　　　　　　　　　　　B. 配色方案

C. 设计模板　　　　　　　　　　　D. 动画效果

4. 在 PowerPoint 2003 中，配色方案由_____种颜色设置组成。

A. 5　　　　　　　　　　　　　　　B. 6

C. 7　　　　　　　　　　　　　　　D. 8

5. 在 PowerPoint 2003 中，用户可以在幻灯片中为对象创建动画效果，下列不属于设置对象的是_____。

A. 文本　　　　　　　　　　　　　B. 声音

C. 形状　　　　　　　　　　　　　D. 属性

6. 在 PowerPoint 2003 中，用户可以在幻灯片中为对象创建_____。

A. 动画效果　　　　　　　　　　　B. 动漫效果

C. 动作效果　　　　　　　　　　　D. 以上都不是

7. 在 PowerPoint 2003 中，_____代表热情、奔放、喜悦、庆典。

A. 红色　　　　　　　　　　　　　B. 黑色

C. 黄色　　　　　　　　　　　　　D. 白色

8. 在 PowerPoint 2003 中，_____代表严肃、夜晚、沉着。

A. 红色　　　　　　　　　　　　　B. 黑色

C. 黄色　　　　　　　　　　　　　D. 白色

9. 在 PowerPoint 2003 中，_____代表高贵、富有。

A. 红色　　　　　　　　　　　　　B. 黑色

C. 黄色　　　　　　　　　　　　　D. 白色

10. 在 PowerPoint 2003 中，_____代表纯洁、简单。

A. 红色　　　　　　　　　　　　　B. 黑色

C. 黄色　　　　　　　　　　　　　D. 白色

11. 在 PowerPoint 2003 中，色彩的种类很多，常见的色彩中能表达出"代表植物、生命、生机"含义的是_____。

A. 白色　　　　　　　　　　　　　B. 红色

C. 蓝色　　　　　　　　　　　　　D. 绿色

12. 在 PowerPoint 2003 中，下列属于低调色彩的是_____。

A. 红色　　　　　　　　　　　　　B. 绿色

C. 橙色　　　　　　　　　　　　　D. 紫色

13. 在 PowerPoint 2003 中，以下_____不属于暖色调。

A. 红色　　　　　　　　　　　　　B. 橙色

C. 黄色　　　　　　　　　　　　　D. 蓝色

14. 在 PowerPoint 2003 中，_____属于中调，遇暖则暖、遇冷则冷。

A. 绿色　　　　　　　　　　　　　B. 红色

C. 蓝色　　　　　　　　　　　　　D. 白色

15. 在 PowerPoint 2003 中，中间调与高调搭配，变得_____。

A. 稳重　　　　　　　　　　　　　B. 活泼

C. 更高调　　　　　　　　　　　　D. 朴素

16. 在 PowerPoint 2003 中，在色彩搭配上，_____搭配变得稳重。

A. 中间调与低调　　　　　　　　　B. 中间调与超低调

C. 中间调与高调　　　　　　　　　D. 低调与高调

17. 在 PowerPoint 2003 中，_____色彩给人的感觉喜庆、活泼，所以一般用于庆典场合。

A. 高低调　　　　　　　　　　　　B. 低调

C. 高调　　　　　　　　　　　　　D. 长调

18. 在 PowerPoint 2003 中，_____色彩给人感觉宁静、庄重、忧郁，适合一些比较庄重的场合。

A. 高低调　　　　　　　　　　　　B. 低调

C. 高调　　　　　　　　　　　　　D. 长调

19. 在 PowerPoint 2003 的一个幻灯片中，不要将所有颜色都用到，尽量控制在_____色彩以内。

A. 两种　　　　　　　　　　　　　B. 三种

C. 四种　　　　　　　　　　　　　D. 五种

20. 在 PowerPoint 2003 的一个幻灯片中，_____的对比尽量要大，尽量不要用花纹繁复的图案作背景。

A. 标题和正文　　　　　　　　　　B. 背景和标题

C. 页脚和正文　　　　　　　　　　D. 背景和正文

21. 在 PowerPoint 2003 中，用户可以单击"插入"→"图片"→"_____"命令，选择和插入剪贴画。

A. 自选图形　　　　　　　　　　　B. 图片

C. 艺术字　　　　　　　　　　　　　D. 剪贴画

22. 在 PowerPoint 2003 中，如果没有内容_____，用户可以单击"插入"→
"图片"→"剪贴画"命令，来选择和插入剪贴画。

　　A. 空间　　　　　　　　　　　　　B. 占位符

　　C. 变换符　　　　　　　　　　　　D. 边符

23. 在 PowerPoint 2003 中，用户可以单击"_____"→"图片"→"来自文件"命
令，选择和插入图片。

　　A. 插入　　　　　　　　　　　　　B. 工具

　　C. 数据　　　　　　　　　　　　　D. 编辑

24. 在 PowerPoint 2003 中，如果没有内容_____，用户可以单击"插入"→
"图片"→"来自文件"命令，来选择和插入图片。

　　A. 空间　　　　　　　　　　　　　B. 占位符

　　C. 变换符　　　　　　　　　　　　D. 边符

25. 在 PowerPoint 2003 中，幻灯片放映时，按_____可以显示"幻灯片放映帮助"
对话框。

　　A. F1 键　　　　　　　　　　　　　B. F2 键

　　C. F3 键　　　　　　　　　　　　　D. F4 键

26. 在 PowerPoint 2003 中，在"设置放映方式"对话框中的"_____"栏中，有三
种放映方式可供选择。

　　A. 放映选项　　　　　　　　　　　B. 放映类型

　　C. 放映方式　　　　　　　　　　　D. 换片方式

27. 在 PowerPoint 2003 中，共有_____幻灯片放映类型。

　　A. 一种　　　　　　　　　　　　　B. 两种

　　C. 三种　　　　　　　　　　　　　D. 四种

28. 在 PowerPoint 2003 中，当采用_____方式时，演讲者具有充分的控制权，可以
采用自动或人工的方式放映演示文稿。

　　A. 观众自行浏览　　　　　　　　　B. 全屏幕

　　C. 演讲者放映　　　　　　　　　　D. 窗口

29. 在 PowerPoint 2003 中，当采用"演讲者放映"方式时，演讲者具有充分的控制权，
可以在_____录下旁白。

　　A. 放映之前　　　　　　　　　　　B. 放映过程中

　　C. 放映之后　　　　　　　　　　　D. 放映开始时

30. 在 PowerPoint 2003 中，下列不属于幻灯片放映方式的是＿＿＿＿＿＿＿。
    A. 演讲者放映（全屏幕）　　　　　B. 观众自行浏览（窗口）
    C. 在展台浏览（全屏幕）　　　　　D. 在课堂放映（窗口）

31. 在 PowerPoint 2003 中，通过单击"＿＿＿＿＿＿＿"菜单中的"页面设置"命令可以打开页面设置对话框。
    A. 文件　　　　　　　　　　　　　B. 编辑
    C. 工具　　　　　　　　　　　　　D. 格式

32. 在 PowerPoint 2003 中，在"页面设置"对话框中，"宽度"和"高度"框中的数值的单位是＿＿＿＿＿＿＿。
    A. 毫米　　　　　　　　　　　　　B. 厘米
    C. 分米　　　　　　　　　　　　　D. 微米

33. 在 PowerPoint 2003 中，幻灯片版式有两种，分别是横向和＿＿＿＿＿＿＿。
    A. 竖向　　　　　　　　　　　　　B. 直向
    C. 纵向　　　　　　　　　　　　　D. 水平

34. 在打印对话框中，"打印机"栏的"＿＿＿＿＿＿＿"下拉列表中，可以选择要使用的打印设备。
    A. 状态　　　　　　　　　　　　　B. 类型
    C. 名称　　　　　　　　　　　　　D. 位置

35. 在打印对话框中，"＿＿＿＿＿＿＿"栏的选项确定打印哪些幻灯片。
    A. 打印机　　　　　　　　　　　　B. 打印范围
    C. 打印内容　　　　　　　　　　　D. 打印份数

36. 在打印对话框中，在"＿＿＿＿＿＿＿"框下输入要打印的份数。
    A. 打印份数　　　　　　　　　　　B. 打印范围
    C. 打印设备　　　　　　　　　　　D. 打印内容

37. 在 PowerPoint 2003 中，用户可以为演示文稿中的项目自定义＿＿＿＿＿＿＿。
    A. 动漫效果　　　　　　　　　　　B. 动画效果
    C. 动作效果　　　　　　　　　　　D. 运动效果

38. 在 PowerPoint 2003 中，单个项目可以应用＿＿＿＿＿＿＿动画。
    A. 一个　　　　　　　　　　　　　B. 两个
    C. 三个　　　　　　　　　　　　　D. 多个

39. 下列选项中不属于 PowerPoint 2003 的动画效果的是＿＿＿＿＿＿＿。
    A. 进入　　　　　　　　　　　　　B. 强调

C. 动作路径                  D. 模糊

40. PowerPoint 2003 的动画效果一般分为_____。

    A. 4 类                     B. 5 类

    C. 6 类                     D. 7 类

41. 在 PowerPoint 2003 中，如果"_____"复选框处于选中状态，则可以在幻灯片视图中立刻观察到动画效果。

    A. 视图效果                B. 预览效果

    C. 预览                     D. 同步

# 操作技能辅导练习题

1. 考核要求

打开"素材库（中级）\ 考生素材 1 \ 文件素材 6－1. ppt"，将其以"中级 6－1. ppt"为文件名保存至考生文件夹中，进行以下操作。

（1）幻灯片模板设置

1）配色方案设置：将设计模板"欢天喜地 . pot"应用于所有幻灯片。在模板配色方案中将"标题文本"的颜色更改为青绿色（RGB：0，255，255）。

2）动画方案设置：将模板的动画方案更改为"标题弧线"，并将此更改应用于所有幻灯片。

（2）幻灯片效果处理

1）版式与色彩应用：将第一张幻灯片的文字版式设置为"只有标题"，并将标题字体设置为方正舒体、60 磅、斜体、加粗、淡绿色（RGB：180，255，115）、有阴影、有下划线。

2）背景设置：将第一张幻灯片的背景采用"素材库（中级）\ 考生素材 2 \ 图片素材 6—1A. jpg"，锁定图片纵横比。

3）背景音乐设置：在第一张幻灯片中插入声音文件"素材库（中级）\ 考生素材 2 \ 音频素材 6—1B. wma"，自动开始播放，设置幻灯片在放映时不隐藏声音图标，循环播放，从头开始播放，单击时停止播放。

（3）幻灯片按钮、图形图像应用及效果处理

1）图形图像处理：在第二张幻灯片左上角插入图片"素材库（中级）\ 考生素材 2 \ 图片素材 6—1C. jpg"，设置图片的缩放比例为 120％，并将图片置于最底层。

2）动作按钮设置：在第五张幻灯片上添加链接到第一张幻灯片和上一张幻灯片的动作按钮，设置动作按钮的高度、宽度均为 2.4 厘米填充颜色为浅橙色。

（4）幻灯片放映设置

设置幻灯片的放映类型为"观众自行浏览（窗口）"，放映全部幻灯片，循环放映，按ESC键终止，换片方式为"手动"。

（5）幻灯片打印设置

设置幻灯片的打印范围为"全部"、打印内容为"幻灯片"、颜色/灰度为"颜色"、打印份数为"5份"，对幻灯片加框。

（6）幻灯片动画设置

将第一张幻灯片中标题的进入动画效果设置为"压缩"，速度为中速，"单击鼠标时"启动动画效果。

本试题的操作过程中，参照图6—1、图6—2、图6—3的格式完成。

图6—1

图6—2

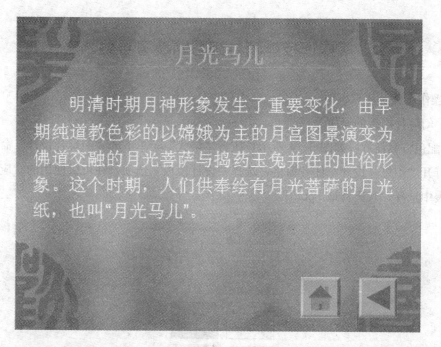

图 6—3

**2. 考核时限**

完成本题操作基本时间为 20 min；超出要求时间 5 min 内（含）扣 1 分，超出要求时间 5 min 以上停止操作。

# 参考答案
## 理论知识辅导练习题参考答案

### 一、判断题

1. √  2. ×  3. ×  4. √  5. √  6. ×  7. ×  8. ×  9. √  10. √  11. ×  12. ×
13. √  14. ×  15. √  16. ×  17. ×  18. ×  19. ×  20. √  21. √

### 二、单项选择题

1. A  2. B  3. B  4. D  5. D  6. A  7. A  8. B  9. C  10. D  11. D  12. D  13. D
14. A  15. B  16. A  17. C  18. B  19. B  20. D  21. D  22. B  23. A  24. B  25. A
26. B  27. C  28. C  29. B  30. D  31. A  32. B  33. C  34. A  35. B  36. A  37. B
38. D  39. D  40. A  41. B

# 操作技能辅导练习题参考答案

1. 操作步骤及注意事项

（1）幻灯片模板的操作

1）配色方案设置：如图 6—4 所示，执行"格式"菜单下的"幻灯片设计"命令，在面板右侧打开"幻灯片设计"任务窗格，选择"设计模板"选项，在可供使用的"应用设计模板"列表中选择"欢天喜地．pot"。

图 6—4

如图 6—5 所示，在"幻灯片设计"任务窗格中选择"配色方案"选项，单击窗格下方的"编辑配色方案"按钮，弹出如图 6—6 所示的"编辑配色方案"对话框，在"自定义"选项卡下，选择"标题文本"后单击"更改颜色"按钮，在弹出的颜色选择对话框中选择青绿色（RGB：0，255，255），点击"应用"按钮，将此配色方案应用于整个演示文稿。

2）动画方案设置：如图 6—7 所示，在"幻灯片设计"任务窗格中选择"动画方案"选项，在其下拉列表中选择"标题弧线"动画方案，点击下方的"应用于所有幻灯片"按钮。

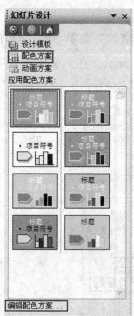

图 6—5

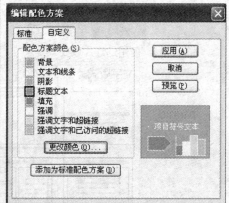

图 6—6

图 6—7

（2）幻灯片效果处理

1）版式与色彩应用：选定第一张幻灯片，执行"格式"菜单下的"幻灯片版式"命令，面板右侧会打开"幻灯片版式"任务窗格，如图6—8所示。在"文字版式"的下拉列表中选择"只有标题"样式选项，便可将此更改应用于第一张幻灯片。

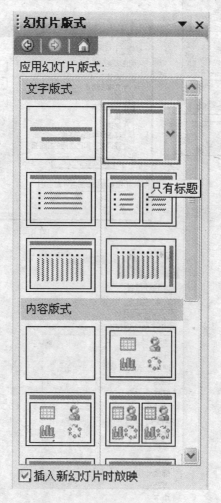

图6—8

在第一张幻灯片中选中标题文本占位符，执行"格式"菜单下的"字体"命令，弹出如图6—9所示的"字体"设置对话框。在"字体"的下拉列表框中选择"方正舒体"，在"字形"的下拉列表框中选择"加粗倾斜"，在"字号"的下拉列表框中选择"60"磅，在"颜色"下拉列表框中选择"淡绿色（RGB：180，255，115）"，在"效果"选项中勾选"下划线"和"阴影"复选框。单击"确定"按钮完成字体设置。

2) 背景设置：选定第一张幻灯片，执行"格式"菜单下的"背景"命令，弹出如图 6—10 所示的"背景"设置对话框。

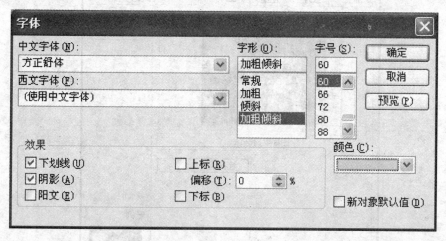

图 6—9

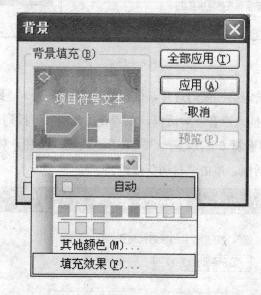

图 6—10

在"背景填充"的下拉选项中选择"填充效果"选项，弹出如图 6—11 所示的"填充效果"对话框。在"图片"选项卡中，单击"选择图片"按钮，调出"素材库（中级）\考生素材 2\图片素材 6—1A. jpg"图片文件，单击"插入"按钮返回到"填充效果"对话框。选中"锁定图片纵横比"复选框，单击"确定"按钮返回到"背景"设置对话框。单击"应用"按钮完成背景设置。

图 6—11

3）背景音乐设置：选定第一张幻灯片，依次执行"插入"→"影片和声音"→"文件中的声音"命令，打开"插入声音"对话框，在"查找范围"下拉列表中选择"素材库（中级）\考生素材 2\音频素材 6—1B. wma"。单击"确定"按钮，弹出如图 6—12 所示的"是否自动播放声音"对话框，单击"自动"按钮。

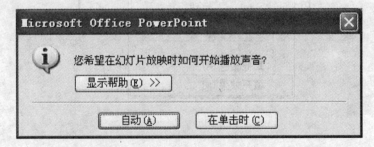

图 6—12

在插入的声音文件图标上用鼠标右键单击，在快捷菜单中选择"编辑声音对象"命令，弹出如图 6—13 所示的"声音选项"对话框。选中"播放选项"下的"循环播放，直到停止"选项，取消"显示选项"下的"幻灯片放映时隐藏声音图标"选项，单击"确定"按钮。

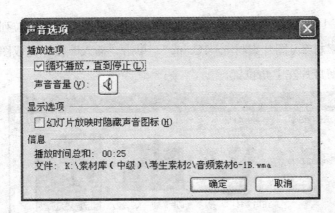

图 6—13

　　在插入的声音文件图标上用鼠标右键单击，在快捷菜单中选择"自定义动画"命令，在面板右侧打开"自定义动画"任务窗格，如图 6—14 所示。单击"音乐素材 6—1B"右侧的下拉箭头，在下拉菜单中选择"效果选项"命令，弹出如图 6—15 所示的"播放 声音"对话框。在"效果"选项卡下，依次选择"从头开始"开始播放，"单击时"停止播放选项，最后单击"确定"按钮完成设置。

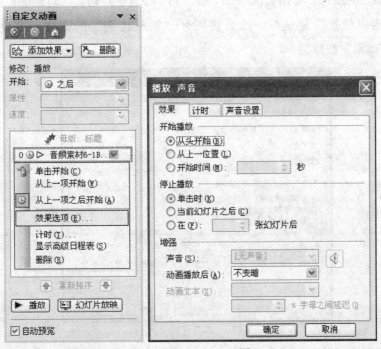

图 6—14　　　　　　　　　　图 6—15

（3）幻灯片按钮、图形图像应用及效果处理

1）图形图像处理：切换至第二张幻灯片，依次执行"插入"→"图片"→"来自文件"

命令，弹出如图 6—16 所示的"插入图片"对话框，在"查找范围"下拉列表中选择"素材库（中级）\ 考生素材 2 \ 图片素材 6—1C.jpg"，单击"插入"按钮完成图片插入，然后用鼠标将图片拖放到幻灯片左上角位置。

图 6—16

鼠标双击插入的图片，弹出如图 6—17 所示的"设置图片格式"对话框，在尺寸选项卡下，选中"锁定纵横比"复选框，然后将图片"缩放比例"的高度和宽度分别调整为120%，单击"确定"按钮。

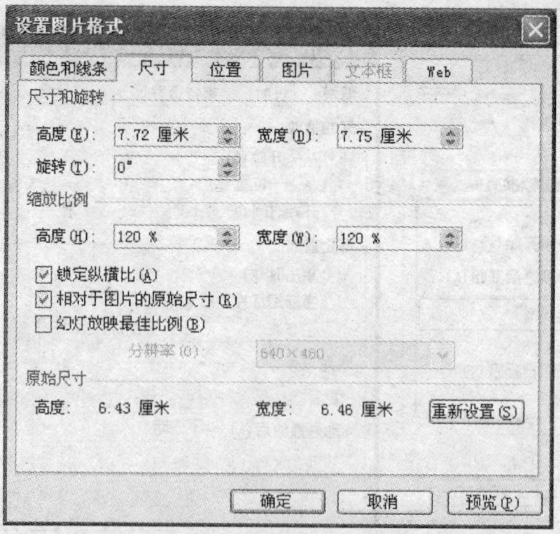

图 6—17

如图 6—18 所示，鼠标右键单击图片，在快捷菜单中选择"叠放次序"→"置于底层"命令。

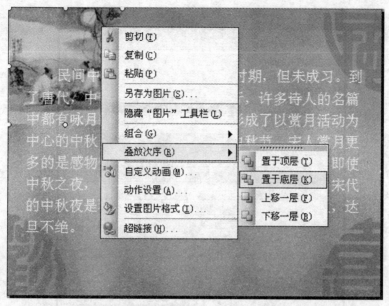

图 6—18

2）动作按钮设置：切换至第五张幻灯片，依次执行"幻灯片放映"→"动作按钮"命令，打开动作按钮列表，如图 6—19 所示。

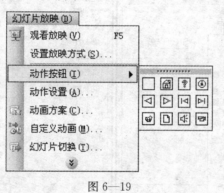

图 6—19

在列表中选择动作按钮"第一张"（⌂），此时的鼠标为"十字"状，在幻灯片的适当位置点击鼠标左键即可插入该动作按钮，同时弹出如图 6—20 所示的"动作设置"对话框。在"单击鼠标"选项卡的"超级链接到"下拉列表中选择"第一张幻灯片"选项，单击"确定"按钮。按照相同的方法在本幻灯片中插入"后退或前一项"（◁）的动作按钮，并设置将该动作按钮链接到上一张幻灯片。

同时选中已插入的这两个动作按钮，双击打开"设置自选图形格式"命令。在"颜色和线条"选项卡下，将"填充"的颜色设置为"浅橙色"，如图 6—21 所示。在"尺寸"选项卡下，将图片尺寸的高度和宽度均调整为 2.4 厘米，如图 6—22 所示。单击"确定"按钮完成设置。

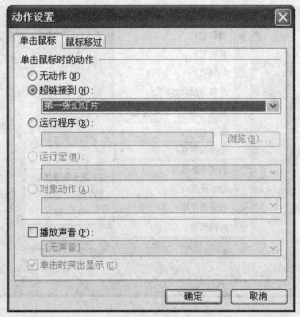

图 6—20

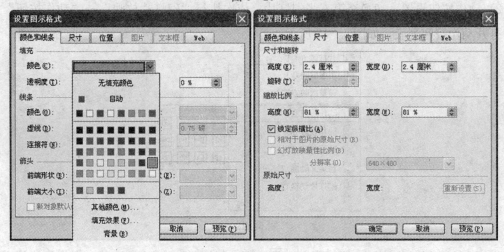

图 6—21                                    图 6—22

（4）幻灯片放映设置

执行"幻灯片放映"菜单下的"设置放映方式"命令，弹出如图 6—23 所示的"设置放映方式"对话框。在"放映类型"选项下选择"观众自行浏览（窗口）"单选按钮，在"放映选项"下勾选"循环放映，按 ESC 键终止"复选框，在"换片方式"选项下勾选"手动"放映方式，单击"确定"按钮完成设置。

（5）幻灯片打印设置

执行"文件"菜单下的"打印"命令，弹出如图 6—24 所示的"打印"设置对话框。在

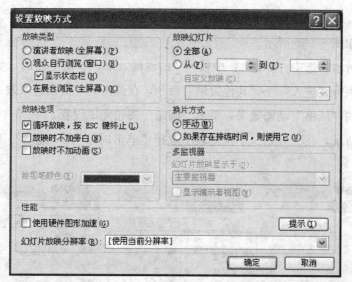

图 6—23

"打印范围"选项下单击"全部"单选按钮,在"打印内容"下拉列表中选择"幻灯片",在"颜色/灰度"下拉列表中选择"颜色",勾选"幻灯片加框"复选框,在"打印份数"框中将份数调至"5 份",单击"确定"按钮完成设置。

图 6—24

(6) 幻灯片动画设置

切换至第一张幻灯片,选中标题文本占位符,执行"幻灯片放映"菜单下的"自定义动画"命令,在面板右侧打开"自定义动画"任务窗格,单击"母版:标题"选项,在其下拉

165

菜单中选择"拷贝幻灯片母版效果"命令，将动画效果从母版复制到幻灯片，然后修改幻灯片的动画效果，如图6—25所示。

如图6—26所示，选中"标题1：中秋…"的动画效果，单击上方的"更改"按钮，在下拉列表中依次执行"进入"→"其他效果"命令，在弹出的"更改进入效果"对话框中选择"温和型"下的"压缩"动画效果，单击"确定"按钮完成设置。

如图6—27所示，在"开始"下拉列表中选择"单击时"，在"速度"下拉列表中选择"中速"。

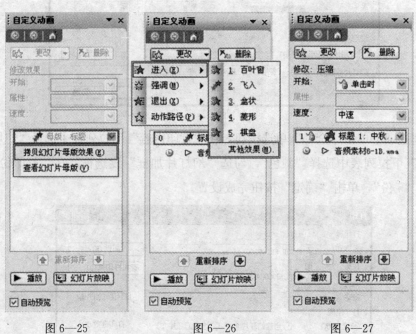

图6—25          图6—26          图6—27

2. 评分项目及标准

| 评分项目 | 评分要点 | 配分 | 评分标准及扣分 |
|---|---|---|---|
| 幻灯片模板制作和版式设计 | 配色方案设置<br>动画方案设置 | 2分 | 配色方案设置正确得1分，否则不得分 |
| | | | 动画方案设置正确得1分，否则不得分 |
| 幻灯片效果处理 | 版式应用<br>色彩应用<br>背景设置<br>背景音乐设置 | 4分 | 版式应用正确得1分，否则不得分 |
| | | | 色彩应用正确得1分，否则不得分 |
| | | | 背景设置正确得1分，否则不得分 |
| | | | 背景音乐设置正确得1分，否则不得分 |
| 幻灯片按钮、图形图像应用及处理 | 图形图像处理<br>动作按钮设置 | 3分 | 图片文件设置正确得1分，否则不得分 |
| | | | 插入动作按钮正确得1分，否则不得分 |
| | | | 设置动作按钮格式正确得1分，否则不得分 |

续表

| 评分项目 | 评分要点 | 配分 | 评分标准及扣分 |
|---|---|---|---|
| 幻灯片放映设置 | 放映类型设置<br>放映选项设置<br>换片方式设置 | 2分 | 放映类型设置正确得 0.5 分，否则不得分 |
| | | | 放映选项设置正确得 1 分，否则不得分 |
| | | | 换片方式设置正确得 0.5 分，否则不得分 |
| 幻灯片打印设置 | 打印范围设置<br>打印颜色设置<br>打印方式设置<br>打印选项设置 | 2分 | 打印范围设置正确得 0.5 分，否则不得分 |
| | | | 打印颜色设置正确得 0.5 分，否则不得分 |
| | | | 打印方式设置正确得 0.5 分，否则不得分 |
| | | | 打印选项设置正确得 0.5 分，否则不得分 |
| 幻灯片动画设置 | 自定义动画效果<br>效果选项设置<br>鼠标效果设置 | 2分 | 自定义动画效果选择正确得 1 分，否则不得分 |
| | | | 效果选项设置正确得 0.5 分，否则不得分 |
| | | | 鼠标效果设置正确得 0.5 分，否则不得分 |

# 第 7 章　网络连接与信息浏览

## 考 核 要 点

| 考核范围 | 理论知识考核要点 | 操作技能考核要点 |
|---|---|---|
| 文件上传与<br>FTP 工具 CuteFTP | 1. 掌握上传文件注意事项<br>2. 掌握 FTP 的主要作用<br>3. 掌握 FTP 协议的含义<br>4. 掌握上传文件的概念<br>5. 掌握下载文件的概念<br>6. 掌握 FTP 的两种传输方式<br>7. 掌握 FTP 上传和下载文件的方法<br>8. 掌握登录 FTP 服务器需要了解的信息<br>9. 掌握快速连接 FTP 服务器的方法 | 能够使用 FTP 上传和下载文件 |
| 文件下载工具 FlashGet | 1. 掌握 FlashGet（网际快车）的特点<br>2. 掌握 FlashGet（网际快车）的使用方法 | 能够使用 FlashGet（网际快车）<br>工具下载文件 |
| 浏览器的使用 | 1. 掌握网站与网页的关系<br>2. 掌握 URL 的定义<br>3. 掌握脱机工作的原理 | 能够进行浏览器高级设置 |

## 重点复习提示

### 一、文件上传与 FTP 工具 CuteFTP

#### 1. 上传文件注意事项

如果上传的是文件，应该注意网站对文件的容量和格式有什么限制。

如果上传的是图片，除了应该注意网站对图片的容量和格式的限制以外，还应该了解是否对图片的分辨率有所要求。

#### 2. FTP 的主要作用

FTP 的主要作用是让用户连接上一个远程计算机（在这些计算机上运行着 FTP 服务器

程序），察看远程计算机有哪些文件，然后把文件从远程计算机上拷到本地计算机，或把本地计算机的文件送到远程计算机去。简单地说，FTP 就是完成两台计算机之间的拷贝。

**3. FTP 协议的含义**

FTP 是 TCP/IP 协议组中的协议之一，是英文 File Transfer Protocol 的缩写。

**4. 上传文件的概念**

将文件从自己计算机中拷贝至远程计算机上，称为"上传（upload）"文件。

**5. 下载文件的概念**

从远程计算机拷贝文件至自己的计算机上，称为"下载（download）"文件。

**6. FTP 的两种传输方式**

FTP 的传输有两种方式：ASCII 传输模式和二进制数据传输模式。

**7. FTP 上传和下载文件的方法**

连接 FTP 服务器后，上传和下载文件非常简单，可以通过拖曳文件或者文件夹图标的方式来实现。

**8. 登录 FTP 服务器需要了解的信息**

（1）FTP 服务器地址和端口号

（2）登录 FTP 服务器的用户名

（3）登录 FTP 服务器的密码

**9. 快速连接 FTP 服务器的方法**

（1）运行 CuteFTP，屏幕弹出 CuteFTP 窗口。

（2）在"快速连接"工具栏的"主机"框中输入 FTP 服务器的地址。在"用户名"和"密码"框中输入正确的用户名和密码。在"端口"框中输入服务器的端口号，一般该端口号为"21"。

（3）单击"快速连接"工具栏的"连接"按钮，即可登录到 FTP 服务器。在窗口的左窗格显示出本地计算机的文件列表，在窗口的右窗格显示 FTP 服务器的文件列表。

在 CuteFTP 软件中，将右侧窗格中的文件拖到左侧窗格中，就可以下载文件。将左侧窗格中的文件拖动到右侧窗格中，就可以上传文件。

## 二、文件下载工具 FlashGet

**1. FlashGet（网际快车）的特点**

FlashGet（网际快车）是 Internet 上较流行的一款下载软件，它采用多服务器超线程技术，全面支持多种协议，具有优秀的文件管理功能。

**2. FlashGet（网际快车）的使用方法**

（1）在需要下载的链接上右击鼠标，选择快捷菜单中"使用网际快车下载"命令。另外，也可直接将链接拖到 FlashGet 的悬浮图标里面。

（2）在"添加新的下载任务"对话框可以设置文件下载后的保存路径，默认的路径是"C：\ Downloads"。

（3）设置完后，单击"确定"按钮即可进行下载。

（4）下载过程中点击正在下载的文件，软件界面的下半部分则会以灰、绿、蓝三种颜色的小方块显示文件下载情况，三种颜色分别代表未下载、正在下载、下载完毕。根据这种很直观的图表可以方便了解下载的进度。

## 三、浏览器的使用

**1. 网站与网页的关系**

网站是由网页（Web 页）组成的。网页包含文字、图像、声音、动画等信息。通常将网站的起始页或开始页称做主页，它就像图书馆的索引或一本书的封面。

**2. URL 的定义**

为了便于访问，因特网中的每一个站点都由 URL（Uniform Resource Locator，统一资源定位器）定位。URL 用于指明资料在互联网络上的取得方式与位置，其格式为：

通信协议：//服务器地址.［通信端口］/路径/文件名

**3. 脱机工作的原理**

脱机工作是指在没有连接 Internet 网络服务的状态下，浏览曾经访问过的网页。用户在浏览网页时，Internet Explorer 首先将要浏览的网页文件下载到计算机的硬盘中，然后再显示在屏幕上。所以，在脱机的状态下浏览网页时，系统可以到保存网页的文件夹中读取网页信息，浏览曾经访问过的网页。

如果脱机工作，可以在 Internet Explorer 窗口中单击"工具"按钮，然后在弹出的下拉菜单中选中"脱机工作"命令，则系统将工作在脱机状态下，此时浏览器窗口的标题栏中将出现"脱机工作"的字样。

脱机工作时，可以打开历史记录栏，在其中选择最近曾经访问过的网页。其中，能够脱机访问的网页以黑色字体显示，而无法脱机浏览的网页以灰色字体显示。

# 理论知识辅导练习题

**一、判断题**（下列判断正确的请在括号内打"√"，错误的请在括号内打"×"）

1. 上传文件时，应该注意网站对文件的类型和所有者有什么限制。（　）

2. 上传图片时，除了应该注意网站对图片的容量和格式的限制以外，还应该了解是否对图片的版权有所要求。（　）

3. FTP协议是Internet文件传送的基础，它由一系列规格说明文档组成，目标是提高文件的共享性。（　）

4. FTP的主要作用是让用户连接上一个远程计算机，查看远程计算机有哪些文件，然后操作文件的删除和编辑。（　）

5. 将文件从自己计算机中拷贝至远程计算机上，则称之为上传文件。（　）

6. 从远程计算机拷贝文件至自己的计算机上，称之为下载文件。（　）

7. FTP的传输有两种方式：主动传输模式和被动传输模式。（　）

8. 在登录FTP服务器前，一般要了解登录FTP服务器的用户名和密码、服务器地址以及服务器的地理位置。（　）

9. FTP默认使用的端口号是21。（　）

10. 在"快速连接"工具栏的"主机"框中输入FTP服务器的地址。（　）

11. 连接FTP服务器后，上传和下载文件非常复杂，不能通过拖拽文件或者文件夹图标的方式来实现。（　）

12. 在CuteFTP软件中，将右侧窗格中的文件拖动到左侧窗格中，就可以上传文件。（　）

13. 网际快车是Internet上较流行的一款播放软件。（　）

14. 使用网际快车下载文件时，默认的保存路径是"C：\ Download"。（　）

15. 通常将网站的起始页或开始页称做主页。（　）

16. 为了便于访问，因特网中的每一个站点都由MAC来定位。（　）

17. 脱机工作是指在没有连接Internet网络服务的状态下，浏览曾经访问过的网页。（　）

**二、单项选择题**（下列每题有4个选项，其中只有1个是正确的，请将其代号填写在横线空白处）

1. 上传文件时，应该注意网站对文件的限制，一般有_____限制和容量限制。

A. 所有者                 B. 类型

C. 格式                  D. 日期

2. 发表帖子或者回复帖子的页面中有若干个按钮可供上传使用，以下选项中不能上传的是_____。

     A. 图片                  B. 病毒

     C. Flash               D. 附件文件

3. 上传图片时，应该注意网站对图片的_____有什么限制。

     A. 压缩和格式            B. 容量和压缩

     C. 压缩、容量和格式       D. 容量和格式

4. 上传图片时，应该注意网站对图片的_____有什么要求。

     A. 管理员               B. 分辨率

     C. 计算机               D. 磁盘

5. 如果上传的是图片，不需要注意的是_____。

     A. 网站对图片的容量的限制       B. 网站对图片的格式的限制

     C. 对图片的分辨率的要求         D. 网站对图片的好看程度的限制

6. _____是 Internet 文件传送的基础，它由一系列规格说明文档组成，目标是提高文件的共享性。

     A. TCP 协议             B. FTP 协议

     C. UDP 协议            D. TELNET 协议

7. _____的主要作用是让用户连接上一个远程计算机，查看远程计算机有哪些文件，然后操作文件的上传和下载。

     A. FTP                 B. HTTP

     C. TCP/IP             D. BIOS

8. FTP 是_____协议组中的协议之一。

     A. OSI                 B. TCP/IP

     C. IOS                 D. INTERNE

9. FTP 是英文_____的缩写。

     A. File Transfer Protocol       B. File Transfer Project

     C. File Translate Protocol      D. File Transaction Protocol

10. FTP 的作用是完成两台计算机之间的拷贝。如果将文件从自己计算机中拷贝至远程计算机上，则称之为_____文件。

     A. 加密                 B. 隐藏

C. 卸载　　　　　　　　　　　　D. 上传

11. 从远程计算机拷贝文件至自己的计算机上，称之为_____文件。

　　A. 下载　　　　　　　　　　　B. 上传

　　C. 安装　　　　　　　　　　　D. 卸载

12. FTP 的传输有两种方式：ASCII 传输模式和_____传输模式。

　　A. 传统　　　　　　　　　　　B. 主动

　　C. 二进制数据　　　　　　　　D. 被动

13. 在登录 FTP 服务器前，一般不必要了解如下服务器的相关信息_____。

　　A. 登录 FTP 服务器的用户名　　B. 登录 FTP 服务器的密码

　　C. FTP 服务器地址　　　　　　D. FTP 服务器的地理位置

14. FTP 默认使用的端口号是_____。

　　A. 20　　　　　　　　　　　　B. 21

　　C. 22　　　　　　　　　　　　D. 23

15. 在"快速连接"工具栏的"主机"框中输入_____。

　　A. FTP 服务器的地址　　　　　B. FTP 服务器的端口号

　　C. FTP 服务器的用户名　　　　D. FTP 服务器的密码

16. 在"快速连接"工具栏的"密码"框中输入_____。

　　A. 任一本机用户的密码　　　　B. 本机管理员的密码

　　C. FTP 服务器的管理员密码　　D. FTP 用户的密码

17. 连接 FTP 服务器后，_____文件非常简单，可以通过拖拽文件或者文件夹图标的方式来实现。

　　A. 删除　　　　　　　　　　　B. 编辑

　　C. 上传和下载　　　　　　　　D. 管理

18. 在_____软件中，将左侧窗格中的文件拖动到右侧窗格中，就可以上传文件。

　　A. FTP　　　　　　　　　　　B. CuteFTP

　　C. File　　　　　　　　　　　D. INTERNET

19. 网际快车是 Internet 上流行的一款下载软件，它采用_____技术，具有优秀的文件管理功能。

　　A. 多服务器　　　　　　　　　B. 超线程

　　C. 多服务器超线程　　　　　　D. 单服务器超线程

20. _____就是 Internet 上流行的一款下载软件。

　　A. 网际快车　　　　　　　　　B. Foxmail

C. 安全 360        D. Foxpro

21. 网际快车是 Internet 上流行的一款下载软件，具有优秀的_____功能。

    A. 程序管理            B. 文件管理

    C. 日志管理            D. 系统管理

22. 使用网际快车下载文件时，默认的保存路径是_____。

    A. D：\ Downloads        B. C：\ Downloads

    C. E：\ Downloads        D. C：\ Download

23. 使用网际快车下载文件时，"文件分成 n 同时下载"就是常说的_____。

    A. 单线程下载          B. 单进程下载

    C. 多进程下载          D. 多线程下载

24. 使用网际快车下载文件时，点击正在下载的文件，软件界面的下部分有灰、绿、蓝三种颜色的小方块，其中灰色代表_____。

    A. 下载完毕           B. 正在下载

    C. 未下载             D. 以上都不对

25. 使用网际快车下载文件时，点击正在下载的文件，软件界面的下部分有灰、绿、蓝三种颜色的小方块，其中绿色代表_____。

    A. 下载完毕           B. 正在下载

    C. 未下载             D. 以上都不对

26. 网站是由_____组成的。

    A. 网页              B. 图片

    C. 文本              D. 音视频

27. _____包含文字、图像、声音、动画等信息。

    A. 网站              B. 网页

    C. FTP 服务器         D. WEB 服务器

28. 通常将网站的起始页或开始页称做_____。

    A. 第二页            B. 网页

    C. 主页              D. WEB 页

29. 为了便于访问，因特网中的每一个站点都由_____来定位。

    A. URL             B. MAC

    C. BIOS            D. WINS

30. 统一资源定位器的英文缩写是_____。

    A. USB             B. URL

C. MAC                         D. IP

31. URL 用于指明资料在互联网络上的取得方式与位置，其格式为_____。

    A. 通信协议：//服务器地址〔：通信端口〕/文件名/路径

    B. 通信协议：//服务器地址〔：通信端口〕/路径/文件名

    C. 通信协议：//服务器地址〔：路径〕/通信端口/文件名

    D. 通信端口：//服务器地址〔：通信协议〕/路径/文件名

32. _____ 是指在没有连接 Internet 网络服务的状态下，浏览曾经访问过的网页。

    A. 脱机工作                    B. 离线工作

    C. 在线工作                    D. 备用工作

33. 脱机工作时，浏览器窗口的_____中将出现"脱机工作"的字样。

    A. 标题栏                      B. 菜单栏

    C. 状态栏                      D. 记录栏

34. 在历史记录栏里，能够脱机访问的网页以_____字体显示。

    A. 红色                        B. 黑色

    C. 黄色                        D. 绿色

35. 在历史记录栏里，无法脱机访问的网页以_____字体显示。

    A. 红色                        B. 黑色

    C. 黄色                        D. 灰色

# 操作技能辅导练习题

## 【试题 1】

1. 考核要求

（1）迅雷的设置

设置迅雷最多同时进行的任务数为 10，限制重复次数为 35，下载速度限制为 100 KB/s，上传速度限制为 50 KB/s。设置下载文件前对有毒资源预警，下载完成后自动杀毒。

（2）浏览器选项设置

将空白页设定为 Internet Explorer 浏览器的主页，并设置每次启动 Internet Explorer 浏览器时检查所存网页的较新版本，设置 Internet 临时文件的容量限制为 600 MB，网页保存历史记录为 7 天，并查看 Internet 临时文件。

2. 考核时限

完成本题操作基本时间为 8 min；超出要求时间 5 min 内（含）扣 1 分，超出要求时间

5 min 以上停止操作。

**【试题 2】**

1. 考核内容

（1）Flash Get 的设置

设置 FlashGet 如果出现错误则停止下载，每隔 3 min 自动保存列表文件，每当接收到
1 024 KB 时把数据写入到磁盘。设置 FlashGet 移动条目时已下载的文件不移动，下载完毕
后进行病毒检查。

（2）浏览器选项设置

启动 Internet Explorer 浏览器，设置 Internet 阻止弹出窗口，第一方和第三方的 cookie
分别为接受和拒绝，并总是允许会话 cookie。

2. 考核时限

完成本题操作基本时间为 8 min；超出要求时间 5 min 内（含）扣 1 分，超出要求时间
5 min 以上停止操作。

## 参考答案
## 理论知识辅导练习题参考答案

一、判断题

1. × 2. × 3. √ 4. × 5. √ 6. √ 7. × 8. × 9. √ 10. √ 11. × 12. ×
13. × 14. × 15. √ 16. × 17. √

二、单项选择题

1. C 2. B 3. D 4. B 5. D 6. B 7. A 8. B 9. A 10. D 11. A 12. C 13. D
14. B 15. A 16. D 17. C 18. B 19. C 20. A 21. B 22. B 23. D 24. C 25. B
26. A 27. B 28. C 29. A 30. B 31. B 32. A 33. A 34. B 35. D

## 操作技能辅导练习题参考答案

**【试题 1】**

1. 操作步骤及注意事项

（1）迅雷的设置

运行文件下载工具"迅雷"，单击工具栏中的"配置"按钮，弹出如图 7—1 所示的"配
置"对话框。在"连接"选项卡中，将"最多同时进行的任务数"选择为 10；勾选"限制

重复次数为"复选框，并选择为"35"；在"速度"选项下，勾选并选择"将下载速度限制为"100 KB/s，将"上传速度限制为"50 KB/s。

如图 7—2 所示，在"下载安全"选项卡中，先勾选"下载前对有毒资源预警"复选框，再勾选"启用下载完成后杀毒"复选项，在"杀毒引擎选择"下面选择相应杀毒工具，单击"确定"按钮，完成配置选项设置。

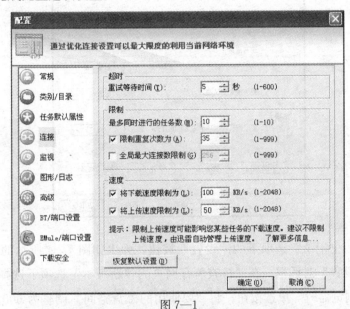

图 7—1

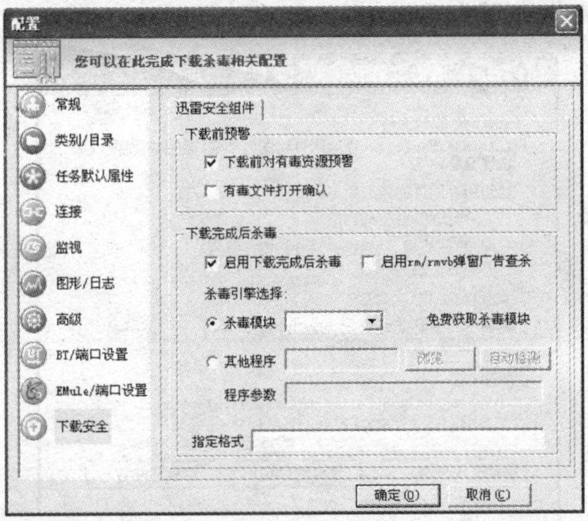

图 7—2

（2）浏览器选项设置

打开浏览器，单击工具栏中的"工具"按钮，在弹出的下拉菜单中选择"Internet 选项"命令，弹出如图 7—3 所示的"Internet 选项"对话框。在"常规"选项卡中，单击主

177

页选项下的"使用空白页"按钮，将空白页设定为 Internet Explorer 浏览器的主页。

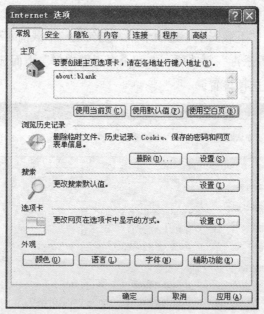

图 7—3

　　单击"浏览历史记录"选项下的"设置"按钮，弹出如图 7—4 所示的"Internet 临时文件和历史记录设置"对话框。在"检查所存网页的较新版本"选项下选择"每次启动 Internet Explorer 浏览器时"单选按钮；将"要使用的磁盘空间"调整为 600 MB；将"网页保存在历史记录中的天数"调整为 7 天。

图 7—4

单击"查看文件"按钮，弹出如图 7—5 所示的对话框，对话框中的文件均为 Internet 临时文件。最后，单击"确定"按钮完成设置。

图 7—5

## 2. 评分项目及标准

| 评分项目 | 评分要点 | 配分 | 评分标准及扣分 |
| --- | --- | --- | --- |
| 文件上传与下载 | 迅雷的设置 | 2.5 分 | 按要求正确设置得 2.5 分，每错一项扣 0.5 分，扣完为止 |
| 浏览器使用 | 浏览器选项设置 | 2.5 分 | 按要求正确设置得 2.5 分，每错一项扣 0.5 分，扣完为止 |

## 【试题 2】

### 1. 操作步骤及注意事项

（1）Flash Get 的设置

运行文件下载工具"FlashGet"，单击工具栏中的"选项"按钮，弹出如图 7—6 所示的"选项"对话框。在"常规"选项卡中，勾选"如果出现错误则停止下载"选项；将"自动保存列表文件在每隔"选项设置为 3 min；将"为了保护硬盘，将磁盘缓存设置为"选项设置为 1 024 KB；取消勾选"移动或者删除已下载的文件时移动或者删除 log 文件"选项。

如图 7—7 所示，在"病毒防护"选项卡中，勾选"下载完毕后进行病毒检查"选项，在下面的文本框中，选择相应的杀毒工具，单击"确定"按钮完成选项设置。

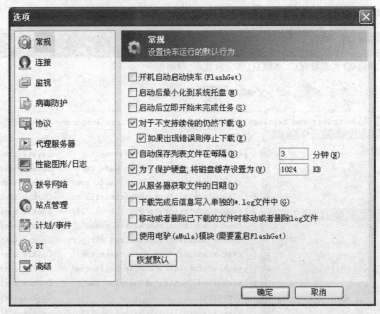

图 7—6

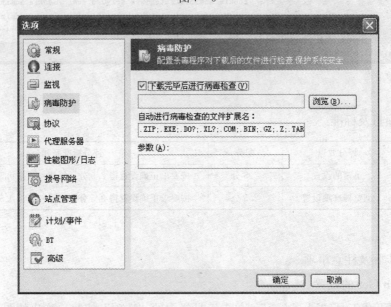

图 7—7

（2）浏览器选项设置

打开浏览器，单击工具栏中的"工具"按钮，在弹出的下拉菜单中选择"Internet 选项"命令，弹出如图 7—8 所示的"Internet 选项"对话框。在"隐私"选项卡中，勾选"打开弹出窗口阻止程序"选项。

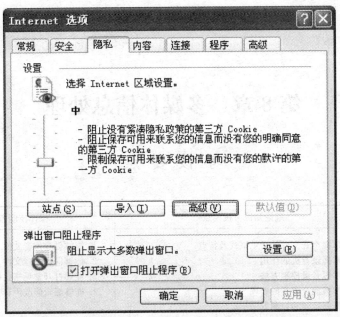

图 7—8

单击“高级”按钮，弹出如图 7—9 所示的“高级隐私策略设置”对话框。先勾选“替代自动 cookie 处理”选项，再将“第一方 cookie”设置为“接受”，“第三方 cookie”设置为“阻止”，最后勾选“总是允许会话 cookie”选项。单击“确定”按钮完成隐私策略设置。

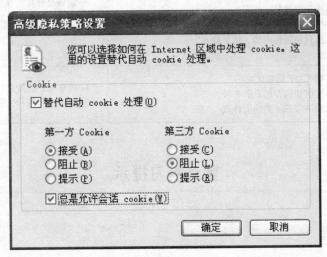

图 7—9

## 2. 评分项目及标准

| 评分项目 | 评分要点 | 配分 | 评分标准及扣分 |
|---|---|---|---|
| 文件上传与下载 | FlashGet 的设置 | 2.5 分 | 按要求正确设置得 2.5 分，每错一项扣 0.5 分，扣完为止 |
| 浏览器使用 | 浏览器选项设置 | 2.5 分 | 按要求正确设置得 2.5 分，每错一项扣 0.5 分，扣完为止 |

# 第8章 多媒体信息处理

## 考 核 要 点

| 考核范围 | 理论知识考核要点 | 操作技能考核要点 |
|---|---|---|
| 音频处理 | 1. 掌握声音文件的常见格式及特点<br>2. 掌握录音机的作用<br>3. 掌握音量控制方法<br>4. 掌握混合声音的处理<br>5. 掌握音频的控制方法 | 1. 能够创建声音文件<br>2. 能够保存声音文件<br>3. 能够打开常见格式的声音文件<br>4. 能够编辑修改声音文件 |
| 视频处理 | 1. 掌握视频的控制方法<br>2. 掌握视频文件的常见格式及特点<br>3. 掌握文件的导入<br>4. 掌握保存项目的特点<br>5. 掌握视频效果的作用<br>6. 掌握音频和视频的捕获<br>7. 掌握视频制作时的"情节提要" | 1. 能够创建视频文件<br>2. 能够保存视频文件<br>3. 能够打开常见视频文件<br>4. 能够编辑修改视频文件 |
| 图片文件的分类管理 | 1. 掌握 EXIF 信息的应用<br>2. 掌握照片摘要信息的查看<br>3. 掌握 ACDSee 的功能特点 | 1. 能够建立图片文件索引<br>2. 能够撰写图片文件摘要 |

## 重点复习提示

### 一、音频处理

#### 1. 声音文件的常见格式及特点

计算机中常见的声音文件格式有 WAV、MIDI、MPEG－3、CD Audio 音乐 CD、Real Audio、WMA、APE。

（1）MIDI 文件特点

MIDI 是由世界上主要电子乐器制造厂商建立起来的一个通信标准，它规定了计算机音乐程序、电子合成器和其他电子设备之间交换信息与控制信号的方式。MIDI 文件中包含音符定时和多达 16 个通道的乐器定义，它记录的不是乐曲本身，而是一些描述乐曲演奏过程中的指令。

（2）WAV 文件特点

WAV 是 Microsoft 公司的音频文件格式，它来源于对声音模拟波形的采样。用不同的采样频率对声音的模拟波形进行采样可以得到一系列离散的采样点，以不同的量化位数（8 位或 16 位）把这些采样点的值转换成二进制数，然后存入磁盘，这就产生了声音的 WAV 文件，即波形文件。

（3）MP3 文件特点

MP3 是现在最流行的声音文件格式，因其压缩率大，在网络可视电话通信方面应用广泛，但和 CD 唱片相比，音质不能令人非常满意。

（4）CDA 文件特点

CDA 是唱片采用的格式，又叫"红皮书"格式，记录的是波形流，绝对的纯正 HIFI。但缺点是无法编辑，文件长度太大。

（5）WMA 文件特点

WMA 是 Windows Media Audio 的缩写，相当于只包含音频的 ASF 文件。

（6）APE 文件特点

APE 的文件大小大概为 CD 的一半，随着宽带的普及，APE 格式受到了许多追求高音质的音乐爱好者的喜爱。

（7）Real Audio 的特点

Real Audio 的扩展名是 RA，它是为了解决网络传输带宽资源而设计的，因此主要目标是压缩比和容错性，其次才是音质。

**2. 录音机的作用**

录音机可以用于播放、录制和编辑声音文件（.WAV）。

**3. 音量控制的方法**

使用音量控制工具，可以控制多媒体设备的声音幅度，可以调整立体声平衡以及与系统相连的输入、输出设备的音量。

**4. 混合声音的处理**

混合声音是指将已有的声音与新录制的声音进行叠加。当用户向声音文件中插入一段声音或粘贴一段声音时，该声音将从插入点起与原有声音相混合。操作方法如下：

（1）准备混入的声音。

（2）从"编辑"菜单内选择"复制"命令。

（3）打开要混入声音的文件。

（4）定位插入点，并从"编辑"菜单内选择"粘贴混入"命令。

**5. 音频的控制方法**

通过调整图形均衡器，可以设置音频输出时，各频段的增益和衰减，以得到更为满意的音频效果。

（1）使用 RealPlayer 播放音频文件。

（2）在"工具"菜单中选择"图形均衡器"命令，屏幕弹出"图形均衡器"对话框。

（3）通过移动均衡器滑块来设置各音阶的输出级别。单击"复位"按钮，可以还原为默认设置。

## 二、视频处理

**1. 视频的控制方法**

通过调整视频控制，可以对视频的颜色、亮度等进行设置，得到更满意的视频效果。

（1）使用 RealPlayer 播放视频文件。

（2）在"工具"菜单中选择"视频控制"命令，屏幕弹出"视频控制"对话框。

（3）在"视频控制"对话框中，调节"颜色级别"滑块可以调整图片的颜色饱和度，即颜色的鲜艳程度。调节"清晰度"滑块可以调整图片边缘的清晰度。单击"复位"按钮，可以还原为默认设置。

**2. 视频文件的常见格式及特点**

（1）AVI 文件特点

AVI 格式的优点是图像质量好，可以跨多个平台使用，其缺点是体积过于庞大，而且压缩标准不统一。

（2）DV－AVI 文件特点

DV 是一种家用数字视频格式，目前非常流行的数码摄像机就是使用这种格式记录视频数据的。它可以通过摄像机的 IEEE1394 端口传输视频数据到计算机，也可以将计算机中编辑好的视频数据回录到数码摄像机中。这种视频格式的文件扩展名一般是 .avi，所以也叫 DV－AVI 格式。

（3）MPEG 文件特点

MPEG 格式的英文全称为 Moving Picture Expert Group，目前它有三个压缩标准，分别是 MPEG－1、MPEG－2、和 MPEG－4。另外，MPEG－7 与 MPEG－21 仍处在研发阶段。

（4）DivX 文件特点

DivX 格式是由 MPEG－4 衍生出的另一种视频编码（压缩）标准，即通常所说的 DVDrip 格式，它采用了 MPEG－4 的压缩算法，同时又综合了 MPEG－4 与 MP3 各方面的技术。

（5）MOV 文件特点

MOV 格式具有较高的压缩比率和较完美的视频清晰度等特点，但是其最大的特点还是跨平台性。

（6）ASF 文件特点

ASF 格式使用了 MPEG－4 的压缩算法，所以压缩率和图像的质量都很不错。

（7）WMV 文件特点

WMV 格式的英文全称为 Windows Media Video，它是直接在网上实时观看视频节目的文件压缩格式。

（8）RMVB 文件特点

RMVB 格式是一种由 RM 视频格式升级延伸出的新视频格式，相对于 DVDrip 格式，RMVB 视频有着较明显的优势。一部大小为 700 MB 左右的 DVD 影片，如果将其转录成同样视听品质的 RMVB 格式，大小为 400 MB 左右。不仅如此，这种视频格式还具有内置字幕和无须外挂插件支持等优点。

**3. 文件的导入**

用户可以将一个已有的文件作为素材导入 Windows Movie Maker。如果导入的是视频文件，则在"收藏"下将创建一个新收藏，并将生成的剪辑存储在这个新收藏中。

**4. 保存项目的特点**

在保存项目时，添加到情节提要/时间线中的剪辑的排列顺序、视频过渡、视频效果、片头和片尾等编辑都将被保留。保存项目，保存的是编辑状态，而不是电影本身。

**5. 视频效果的作用**

视频效果决定了视频剪辑、图片的显示方式。

**6. 音频和视频的捕获**

使用 Windows Movie Maker 可以将视频和音频素材捕获到计算机上。可以使用的音频和视频捕获设备以及捕获源包括：数字视频（DV）摄像机、模拟摄像机、VCR、Web 摄像头、电视调谐卡或传声器等。

Windows Movie Maker 在捕获视频时，将根据视频中的时间戳来创建剪辑。如果没有时间戳，则每当视频中的一个画面与后面紧跟画面相比有较大变化时，就会生成一个新剪辑。

**7. 视频制作时的"情节提要"**

用户可以在"情节提要"视图或者"时间线"视图中将多个剪辑组织为一个项目，以便制作成为电影。情节提要和时间线的侧重点不同，"情节提要"视图主要显示剪辑的顺序，而"时间线"视图主要显示剪辑的时间选择。

## 三、图片文件的分类管理

**1. EXIF 信息的应用**

EXIF 是一种图像文件格式，EXIF 信息是镶嵌在 JPEG 图像文件格式内的一组拍摄参数。

**2. 照片摘要信息的查看**

（1）在数码照片上单击鼠标右键，在弹出的快捷菜单中选择"属性"命令，屏幕弹出照片的属性对话框。

（2）在照片的属性对话框中选择"摘要"选项卡，可查看或输入照片的主题、场景描述等摘要信息。

（3）在"摘要"选项卡下单击"高级"按钮，则可以看到图片文件的详细摘要信息。

（4）如果查看的是数码相片，则单击"高级"按钮后可以查看到更详细的 EXIF 信息。

**3. ACDSee 的功能**

如果需要查看和编辑图片文件更多的摘要信息，则需要通过工具软件进行。例如，可以通过图片浏览软件 ACDSee 来查看和编辑图片的摘要信息。

启动 ACDSee，在相片管理器窗口中选择需要查看和编辑摘要信息的图片后，在窗口右方的"属性"窗格中可以查看到图片的摘要信息。窗格的下方有"图像数据库""文件""EXIF"和"IPTC"4 个选项卡，单击它们可以切换查看或者修改图片不同类型的摘要信息。

# 理论知识辅导练习题

**一、判断题**（下列判断正确的请在括号内打"√"，错误的请在括号内打"×"）

1. WAV 不属于计算机中常见的声音文件格式。　　　　　　　　　　（　　）

2. MIDI 文件记录的不是乐曲本身。　　　　　　　　　　　　　　　（　　）

3. WAV 文件是 SUN 公司的音频文件格式。　　　　　　　　　　　（　　）

4. MP3 文件是现在最流行的声音文件格式，因其压缩率小，所以音质令人非常满意。

　　　　　　　　　　　　　　　　　　　　　　　　　　　　　　（　　）

5. CD Audio 音乐是 CD 唱片采用的格式，缺点是无法拷贝。　　　　　（　　）

6. WMA 是 Windows Media Audio 的缩写，相当于只包含音频的 ASF 文件。（　　）

7. APE 的文件大小大概为 CD 的一倍。　　　　　　　　　　　　　　（　　）

8. Real Audio 是为了解决网络传输带宽资源而设计的，主要目标是音质。（　　）

9. 录音机可以用于播放、录制和编辑声音文件，其音频文件格式为 WAV。（　　）

10. 混合声音是指将已有的声音与新录制的声音进行叠加。　　　　　　（　　）

11. 音量控制工具可以调整立体声平衡以及与系统相连的输入、输出设备的音量。

　　　　　　　　　　　　　　　　　　　　　　　　　　　　　　　（　　）

12. 在 RealPlayer 中，通过调整音频处理器，可以设置音频输出时，各频段的增益和衰减，以得到更为满意的音频效果。　　　　　　　　　　　　　　　　（　　）

13. 在 RealPlayer 中，通过调整对比度控制，可以对视频的颜色、亮度等进行设置，得到更满意的视频效果。　　　　　　　　　　　　　　　　　　　　　（　　）

14. 如果用户在进行 AVI 格式的视频播放时遇到了问题，可以通过下载相应的播放器来解决。　　　　　　　　　　　　　　　　　　　　　　　　　　　　（　　）

15. AVI 格式的文件，优点是图像质量好，可以跨多个平台使用，其缺点是体积过大，而且压缩标准不统一。　　　　　　　　　　　　　　　　　　　　　　（　　）

16. 目前非常流行的数码摄像机使用 DV－AVI 格式记录视频数据，它可以通过电脑的 IEEE1394 端口传输视频数据到电脑。　　　　　　　　　　　　　　　（　　）

17. 目前 MPEG 格式有三个压缩标准，分别是 MPEG－1、MPEG－2 和 MPEG－7。

　　　　　　　　　　　　　　　　　　　　　　　　　　　　　　　（　　）

18. DivX 格式即通常所说的 VCDrip 格式。　　　　　　　　　　　　（　　）

19. MOV 格式具有较高的压缩比率和较完美的视频清晰度等特点，但其最大的特点还是网络传送速率快。　　　　　　　　　　　　　　　　　　　　　　（　　）

20. ASF 格式由于它使用了 MPEG－4 的压缩算法，所以压缩率和图像的质量都很不错。　　　　　　　　　　　　　　　　　　　　　　　　　　　　　　（　　）

21. WMV 格式的英文全称为 Moving Picture Expert Group。　　　　（　　）

22. RMVB 是一种由 RM 视频格式升级延伸出的新视频格式。　　　　（　　）

23. 使用 Windows Movie Maker 软件时，如果导入的是文字文件，则在"收藏"下将创建一个新收藏，并将生成的剪辑存储在这个新收藏中。　　　　　　（　　）

24. 使用 Windows Movie Maker 软件捕获视频时，将根据视频中的注释来创建剪辑。

　　　　　　　　　　　　　　　　　　　　　　　　　　　　　　　（　　）

25. 在视频制作时，"情节提要"和"时间线"的侧重点不同，"情节提要"视图主要显

示剪辑的顺序。 （　　）

26. 视频效果决定了视频剪辑、图片的显示方式。 （　　）

27. 使用 Windows Movie Maker 软件，保存项目时只保存电影片段。 （　　）

28. 要在 Windows Movie Maker 中查看或输入照片的主题、场景描述的信息，应该右击照片，选择"属性"，点击"高级"。 （　　）

29. EXIF 信息是镶嵌在 JPEG 图像文件格式内的一组拍摄参数。 （　　）

**二、单项选择题**（下列每题有 4 个选项，其中只有 1 个是正确的，请将其代号填写在横线空白处）

1. 下列属于计算机中常见的声音文件格式的是_____。

A. WAV
B. EXE
C. DOC
D. XLS

2. 用不同的采样频率对声音的模拟波形进行采样可以得到一系列离散的采样点，以不同的量化位数把这些采样点的值转换成二进制数，然后存入磁盘，这就产生了声音的_____。

A. MIDI 文件
B. WAV 文件
C. WMA 文件
D. MPEG－3 文件

3. _____记录的不是乐曲本身，而是一些描述乐曲演奏过程中的指令。

A. APE 文件
B. CDA 文件
C. MIDI 文件
D. MP3 文件

4. MIDI 文件中包含音符定时和多达_____通道的乐器定义。

A. 10
B. 13
C. 16
D. 18

5. MIDI 是由世界上主要电子乐器制造厂商建立起来的一个_____。

A. 协议标准
B. 通信标准
C. 视频标准
D. 音频标准

6. MIDI 通信标准规定_____和其他电子设备之间交换信息与控制信号的方法。

A. 计算机音乐程序、电子合成器
B. 计算机音乐程序、电子监视器
C. 计算机视频程序、电子合成器
D. 计算机视频程序、电子监视器

7. _____是 Microsoft 公司的音频文件格式。

A. MP3 文件
B. WAV 文件
C. CDA 文件
D. MIDI 文件

8. WAV 文件来源于对声音_____的采样。

  A. 模拟信号         B. 模拟波形

  C. 物理波形         D. 数字信号

9. 现在最流行的声音文件格式，因其压缩率大，在网络可视电话通信方面应用广泛，但和 CD 唱片相比，音质不能令人非常满意，以上描述的是_____。

  A. MP3 文件         B. WAV 文件

  C. WMA 文件         D. CDA 文件

10. MP3 文件是现在最流行的_____格式。

  A. 视频文件         B. 声音文件

  C. 图片文件         D. FLASH 文件

11. MP3 文件是现在最流行的声音文件格式，因其_____，所以音质不能令人非常满意。

  A. 压缩率小         B. 压缩率偏小

  C. 压缩率中等         D. 压缩率大

12. CD Audio 是 CD 唱片采用的格式，记录的是波形流，音质纯正，其缺点是_____。

  A. 音质不稳定         B. 无法编辑，文件长度太大

  C. 无法拷贝         D. 兼容性不好

13. CD Audio 是 CD 唱片采用的格式，又叫"_____"格式，记录的是波形流，音质纯正，但缺点是无法编辑，文件长度太大。

  A. 红皮书         B. 白皮书

  C. 蓝皮书         D. 黄皮书

14. CD Audio 是 CD 唱片采用的格式，又叫"红皮书"格式，其优点是_____。

  A. 兼容性不好         B. 记录的是点型流

  C. 绝对的纯正         D. 无法编辑

15. WMA 是 Windows Media Audio 的缩写，相当于只包含音频的_____文件。

  A. AVI         B. ASF

  C. RMVB         D. RM

16. APE 的文件大小大概为 CD 的_____。

  A. 一半         B. 一倍

  C. 两倍         D. 三倍

17. 随着宽带的普及，APE 格式受到了许多追求_____的音乐爱好者的喜爱。

  A. 高音质         B. 中音质

  C. 低音质         D. 中低音质

18. Real Audio 的扩展名为_____。

    A. . CDA               B. . RA

    C. . MP3              D. . RM

19. Real Audio 是为了解决网络传输带宽资源而设计的，因此主要目标是压缩比和容错性，其次才是_____。

    A. 视频               B. 音频

    C. 音量               D. 音质

20. Real Audio 是为了解决网络传输带宽资源而设计的，因此主要目标是_____。

    A. 音质               B. 音量

    C. 压缩比和容错性      D. 以上都不对

21. 录音机可以用于播放、录制和编辑声音文件，其音频文件格式为_____。

    A. WVA              B. WMA

    C. WAV              D. ASF

22. _____是指将已有的声音与新录制的声音进行叠加。

    A. 特效声音          B. 混合声音

    C. 叠加声音          D. 附加声音

23. 当用户向声音文件中插入一段声音或粘贴一段声音时，该声音将从_____起与原有声音相混合。

    A. 插入点           B. 开始

    C. 结束             D. 中间

24. 混合声音的操作顺序是_____。

（1）整理出想要混入的声音。

（2）从"编辑"菜单内选择"复制"命令。

（3）打开要混入声音的文件。

（4）定位插入点，并从"编辑"菜单内选择"粘贴混入"命令。

    A. 1，2，4，3      B. 2，1，3，4

    C. 1，2，3，4      D. 2，3，1，4

25. 音量控制工具是一个主控制器，它不可以_____。

    A. 调整立体声平衡    B. 调整与系统相连的输入设备的音量

    C. 调整与系统相连的输出设备的音量    D. 调整混合声平衡

26. 使用_____工具，可以控制多媒体设备的声音幅度。

    A. 主控制器         B. 音量控制

C. 视频控制                              D. 程序编辑

27. 在 RealPlayer 中，通过调整_____，可以设置各频段的增益和衰减，以得到更为满意的音频效果。

    A. 图形均衡器                          B. 音频处理器

    C. 音频调整器                          D. 效果调整器

28. 在 RealPlayer 中，在"_____"菜单上单击"图形均衡器"菜单项，屏幕弹出"图形均衡器"对话框。

    A. 视图                                B. 工具

    C. 播放                                D. 收藏夹

29. 在 RealPlayer 中，用户可以通过移动均衡器滑块来设置各音阶的输出级别。单击"_____"按钮，可以还原为默认设置。

    A. 还原                                B. 复位

    C. 默认                                D. 返回

30. 在 RealPlayer 中，通过调整_____，可以对视频的颜色、亮度等进行设置，得到更满意的视频效果。

    A. 视频控制                            B. 对比度控制

    C. 色调控制                            D. 面板控制

31. 在 RealPlayer 中，在"_____"菜单单击"视频控制"菜单项，屏幕弹出"视频控制"对话框。

    A. 工具                                B. 选项

    C. 文件                                D. 编辑

32. 如果用户在进行 AVI 格式的视频播放时遇到了问题，可以通过下载相应的_____来解决。

    A. 补丁                                B. 解码器

    C. 播放器                              D. 漏洞

33. 如果用户在进行 AVI 格式的视频播放时遇到了_____问题，可以通过下载相应的解码器来解决。

    A. 压缩标准不统一                      B. 体积太小

    C. 压缩标准统一                        D. 图像标准不统一

34. _____的文件，优点是图像质量好，可以跨多个平台使用，其缺点是体积过大，而且压缩标准不统一。

    A. AVI 格式                            B. MOV 格式

C. WAV 格式      D. MP3 格式

35. 目前非常流行的数码摄像机使用 DV－AVI 格式记录视频数据，它可以通过电脑的
    _____ 端口传输视频数据到电脑。
    A. IEEE1394      B. USB 口
    C. 并口      D. 串口

36. DV－AVI 格式的文件扩展名一般是_____。
    A. .rmvb      B. .rm
    C. .mp4      D. .avi

37. 目前非常流行的数码摄像机使用_____记录视频数据。
    A. ASF 格式      B. DV－AVI 格式
    C. WMV 格式      D. WAV 格式

38. MPEG 格式的英文全称为_____。
    A. Moving Picture Expert Group      B. Digital Video Format
    C. Audio Video Interleaved      D. Advanced Streaming format

39. 目前 MPEG 格式有三个压缩标准，分别是 MPEG－1、MPEG－2 和_____。
    A. MPEG－3      B. MPEG－7
    C. MPEG－4      D. MPEG－21

40. DivX 格式是由_____衍生出的一种视频编码（压缩）标准。
    A. MPEG－1      B. MPEG－2
    C. MPEG－3      D. MPEG－4

41. DivX 格式即通常所说的_____格式。
    A. VCDrip      B. DVDrip
    C. VCD      D. DVD

42. DivX 格式采用了 MPEG－4 的压缩算法同时又综合了 MPEG－4 与_____各方面
的技术。
    A. MPEG－1      B. MPEG－2
    C. MP3      D. MP4

43. _____ 具有较高的压缩比率和较完美的视频清晰度等特点，但其最大的特点还是
跨平台性。
    A. WAV 格式      B. MOV 格式
    C. WMV 格式      D. AVI 格式

44. ASF 格式使用了_____的压缩算法，压缩率和图像的质量都很不错。

  A. MPEG－1　　　　　　　　　B. MPEG－2

  C. MPEG－3　　　　　　　　　D. MPEG－4

45. WMV 格式的主要优点不包括_____。

  A. 本地或网络回放　　　　　　B. 可扩充的媒体类型

  C. 可伸缩的媒体类型　　　　　D. 不易扩展性

46. WMV 格式的英文全称为_____。

  A. Moving Picture Expert Group　　B. Digital Video Format

  C. Windows Media Video　　　　　D. Advanced Streaming format

47. _____ 是一种由 RM 视频格式升级延伸出的新视频格式。

  A. MPEG－4　　　　　　　　　B. RMVB

  C. MOV　　　　　　　　　　　D. AVI

48. RMVB 视频格式具有_____等优点。

  A. 外置字幕和无需外挂插件支持　　B. 外置字幕和无需内置插件支持

  C. 内置字幕和无需外挂插件支持　　D. 内置字幕和内置挂插件支持

49. 一部大小为 700 MB 左右的 DVD 影片，如果将其转录成同样视听品质的 RMVB 格式，大约_____。

  A. 100 MB　　　　　　　　　　B. 200 MB

  C. 300 MB　　　　　　　　　　D. 400 MB

50. 以下不属于 Windows Movie Maker 可以使用的音频和视频捕获设备以及捕获源的是_____。

  A. DV 摄像机　　　　　　　　　B. 模拟摄像机

  C. 网卡　　　　　　　　　　　　D. Web 摄像头

51. 使用 Windows Movie Maker 软件，如果导入的是视频文件，则在"收藏"下将创建一个新收藏，并将生成的_____存储在这个新收藏中。

  A. 图片　　　　　　　　　　　　B. 剪辑

  C. 声音　　　　　　　　　　　　D. 文字

52. Windows Movie Maker 软件根据视频中的_____来创建剪辑。

  A. 标签　　　　　　　　　　　　B. 时间戳

  C. 注释　　　　　　　　　　　　D. 批注

53. 使用 Windows Movie Maker 软件捕获视频时，如果没有时间戳，则每当视频中的一个画面与后面紧跟画面相比_____时，就会生成一个新剪辑。

  A. 没有变化　　　　　　　　　　B. 有很大变化

C. 没什么变化 　　　　　　　　　D. 变化很小

54. 在视频制作时，"情节提要"和"时间线"的侧重点不同，"情节提要"视图主要显示_____。

    A. 剪辑的顺序　　　　　　　　　B. 时间顺序
    C. 标签顺序　　　　　　　　　　D. 批注修改顺序

55. 在视频制作时，"_____"和"时间线"的侧重点不同。

    A. 情节　　　　　　　　　　　　B. 提要
    C. 情节提要　　　　　　　　　　D. 情节顺序

56. _____决定了视频剪辑、图片的显示方式。

    A. 视频类型　　　　　　　　　　B. 视频文件大小
    C. 视频效果　　　　　　　　　　D. 视频质量

57. 使用 Windows Movie Maker 软件，在保存项目时，_____编辑不被保留。

    A. 视频过渡　　　　　　　　　　B. 视频效果
    C. 片头和片尾　　　　　　　　　D. 图片

58. 使用 Windows Movie Maker 软件，保存项目时保存的是_____。

    A. 电影文件　　　　　　　　　　B. 编辑状态
    C. 电影片段　　　　　　　　　　D. 电影声音

59. 要查看或输入照片的主题、场景描述的信息，应该右击照片，选择"属性"，点击"_____"选项卡。

    A. 常规　　　　　　　　　　　　B. 摘要
    C. 高级　　　　　　　　　　　　D. 工具

60. _____是镶嵌在 JPEG 图像文件格式内的一组拍摄参数。

    A. EXIF 信息　　　　　　　　　B. JEIDA 信息
    C. ISO 信息　　　　　　　　　　D. GPS 信息

# 操作技能辅导练习题

【试题 1】

1. 考核要求

（1）使用"附件"中的"录音机"打开声音文件"素材库（中级）\ 考生素材 2 \ 音频素材 8－1. wav"，并对其进行编辑。删除该声音文件 70 s 以前及 111 s 以后的内容，将删除完成后的剩余部分以"中级 8－1A. wav"为文件名保存至考生文件夹中。

（2）为上述完成编辑的声音文件添加"回音"效果，并以"中级 8－1B. wav"为文件名保存至考生文件夹中。

2. 考核时限

完成本题操作基本时间为 7 min；超出要求时间 5 min 内（含）扣 1 分，超出要求时间 5 min 以上停止操作。

**【试题 2】**

1. 考核要求

（1）使用"Windows Movie Maker"工具，分别导入图片文件"素材库（中级）\ 考生素材 2\ 图片素材 8－2A 图组"和音频文件"素材库（中级）\ 考生素材 2\ 音频素材 8－2B. wma"，进行视频编辑。将图片文件和音频文件全部添加到时间线上，并对音频文件进行剪裁，剪裁至与视频文件的时间线保持一致。

（2）为影片制作片头，输入片头文本"漓江美"，字体为华文隶书、字号为最大、背景色为紫色（RGB：128，0，128），片头动画效果设置为镜像，将影片以文件名"中级 8－1. wmv"保存至考生文件夹中。

2. 考核时限

完成本题操作基本时间为 7 min；超出要求时间 5 min 内（含）扣 1 分，超出要求时间 5 min 以上停止操作。

# 参考答案
## 理论知识辅导练习题参考答案

**一、判断题**

1. ×　2. √　3. ×　4. ×　5. ×　6. √　7. ×　8. ×　9. √　10. √　11. √　12. ×　13. ×　14. ×　15. √　16. √　17. ×　18. ×　19. ×　20. √　21. ×　22. √　23. ×　24. ×　25. √　26. √　27. ×　28. ×　29. √

**二、单项选择题**

1. A　2. B　3. C　4. C　5. B　6. A　7. B　8. B　9. A　10. B　11. D　12. B　13. A　14. C　15. B　16. A　17. A　18. B　19. D　20. C　21. C　22. B　23. A　24. C　25. D　26. B　27. A　28. B　29. B　30. A　31. A　32. B　33. A　34. A　35. A　36. D　37. B　38. A　39. C　40. D　41. B　42. C　43. B　44. D　45. D　46. C　47. B　48. C　49. D　50. C　51. B　52. B　53. B　54. A　55. C　56. C　57. D　58. B　59. B　60. A

# 操作技能辅导练习题参考答案

**【试题1】**

1. 操作步骤及注意事项

（1）导入音频文件

单击"开始"按钮，从"开始"菜单中依次执行"所有程序"→"附件"→"娱乐"→"录音机"命令，启动"录音机"工具。选择"文件"菜单下的"打开"命令，弹出如图8—1所示的"打开"对话框，在"查找范围"中查找出"素材库（中级）\考生素材2\音频素材8—1.wav"，单击"打开"按钮。

图8—1

（2）编辑音频文件

如图8—2所示，拖动窗口中的滑块至70秒处，执行"编辑"菜单下的"删除当前位置以前的内容"命令，弹出如图8—3所示的对话框，单击"确定"按钮完成70 s之前的声音删除操作。

如图8—4所示，拖动窗口中的滑块至111秒处，执行"编辑"菜单下的"删除当前位置以后的内容"命令，弹出如图8—5所示的对话框，单击"确定"按钮完成111 s后的声音删除操作。

图 8—2

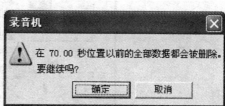

图 8—3

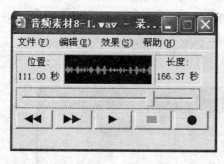

图 8—4

图 8—5

　　选择"文件"菜单下的"另存为"命令，弹出如图 8—6 所示的"另存为"对话框，在"保存在"中查找出"考生文件"所在位置，在"文件名"框中录入"中级 8—1A.wav"，单击"保存"按钮。

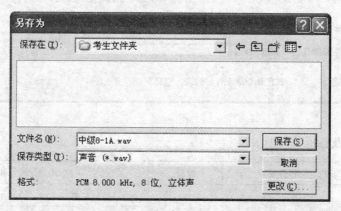

图 8—6

（3）声音效果设置

　　如图 8—7 所示在上一步完成编辑的声音文件中执行"效果"菜单下的"添加回音"命令。

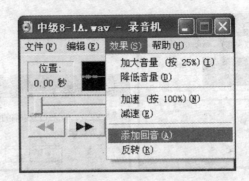

图 8—7

选择"文件"菜单下的"另存为"命令，弹出如图 8—8 所示的"另存为"对话框，在"保存在"中查找出"考生文件"所在位置，在"文件名"框中录入"中级 8—1B.wav"，单击"保存"按钮。

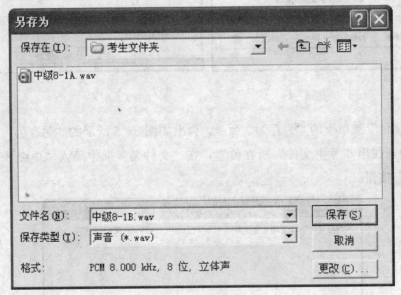

图 8—8

## 2. 评分项目及标准

| 评分项目 | 评分要点 | 配分 | 评分标准及扣分 |
|---|---|---|---|
| 声音文件导入及编辑处理 | 声音文件编辑处理 | 5分 | 导入方式正确得1分，否则不得分 |
| | | | 声音删除操作正确得1分，否则不得分 |
| | | | 保存操作正确得1分，否则不得分 |
| | | | 声音效果设置正确得1分，否则不得分 |
| | | | 保存操作正确得1分，否则不得分 |

【试题 2】

1. 操作步骤及注意事项

（1）导入音频、视频文件

单击"开始"按钮，执行"所有程序"菜单下的"Windows Movie Maker"命令，弹出如图 8—9 所示的对话框。单击工具栏上的"任务"（▤ **任务** ）按钮，屏幕左侧弹出"电影任务"任务窗格。

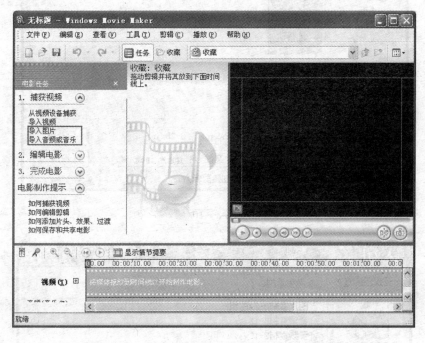

图 8—9

单击"电影任务"任务窗格中"捕获视频"选项下的"导入图片"命令，弹出如图 8—10 所示的"导入文件"对话框。在"查找范围"中查找出"素材库（中级）\ 考生素材 2\ 图片素材 8—2A 图组"，选择文件夹中的所有图片文件，单击"导入"按钮完成图片导入操作。

单击"电影任务"任务窗格中"捕获视频"选项下的"导入音频或音乐"命令，弹出如图 8—11 所示的"导入文件"对话框。在"查找范围"中查找出"素材库（中级）\ 考生素材 2\ 音频素材 8—2B. wma"，单击"导入"按钮完成音频导入操作。

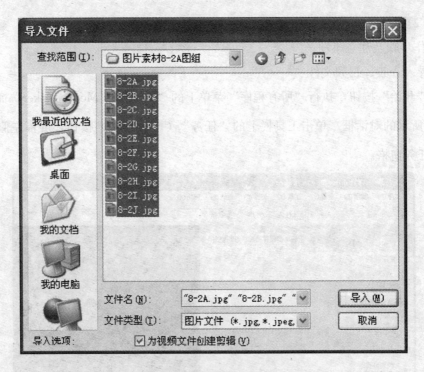

图 8—10

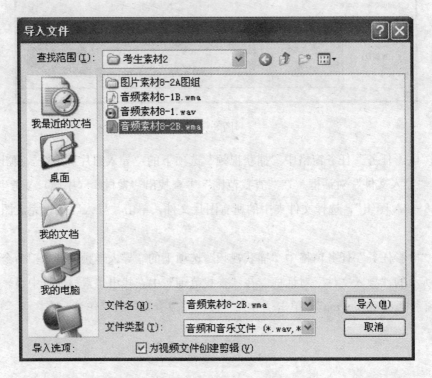

图 8—11

（2）时间线裁剪操作

如图 8—12 所示，选中所有图片和音频文件，将其全部拖放至屏幕下方的时间线上。将鼠标置于音频文件的结尾处，左键单击并拖动鼠标进行裁剪，拖动至与图片文件时间线结尾相同处松开鼠标，完成时间线裁剪操作。

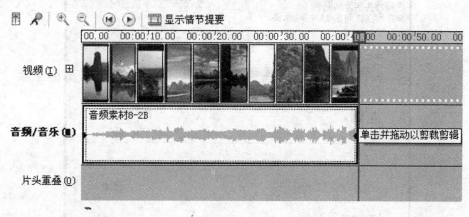

图 8—12

（3）片头制作

单击"电影任务"任务窗格中"编辑电影"选项下的"制作片头或片尾"命令，弹出"要将片头添加到何处"选项，选择"在电影开头添加片头"项，弹出如图 8—13 所示的对话框。先输入片头文本"漓江美"，再单击下方"其他选项"中的"更改文本字体和颜色"项。

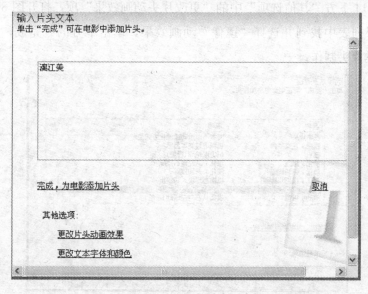

图 8—13

如图 8—14 所示，在"字体"的下拉列表中选择"华文隶书"，在"颜色"选项下将背景的颜色设置为"紫色（RGB：128，0，128)"，在"字号"选项下，多次单击"增加文本大小"（ **A** ）按钮，直至将文本字体调至最大。

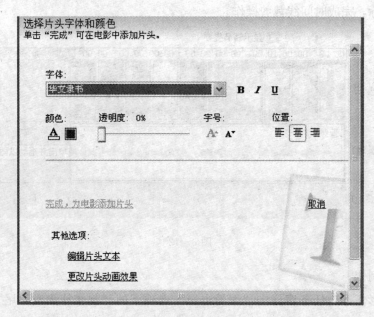

图 8—14

（4）片头动画效果制作

单击图 8—14 下方"其他选项"中的"更改片头动画效果"项，打开图 8—15 所示对话框。在动画效果列表中找到并选择"镜像"动画效果，单击下方的"完成，为电影添加片头"选项，完成片头制作。

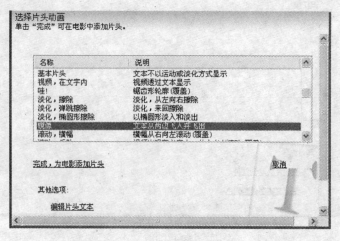

图 8—15

（5）保存文件

单击"电影任务"任务窗格中"完成电影"选项下的"保存到我的计算机"命令，弹出如图 8—16 所示的"保存电影向导"对话框。为所保存的电影输入文件名"中级8—2"，在"选择保存电影位置"下拉列表中选择"考生文件夹"。单击"下一步"按钮，弹出"电影设置"对话框，继续单击"下一步"按钮，进入保存电影的进程画面，如图 8—17 所示。

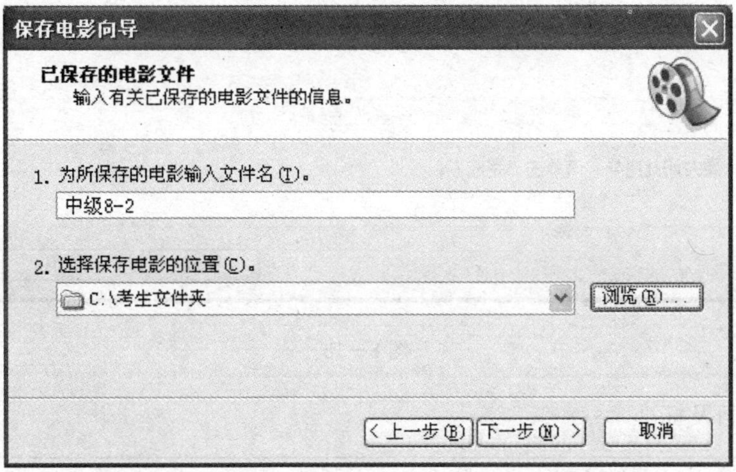

图 8—16

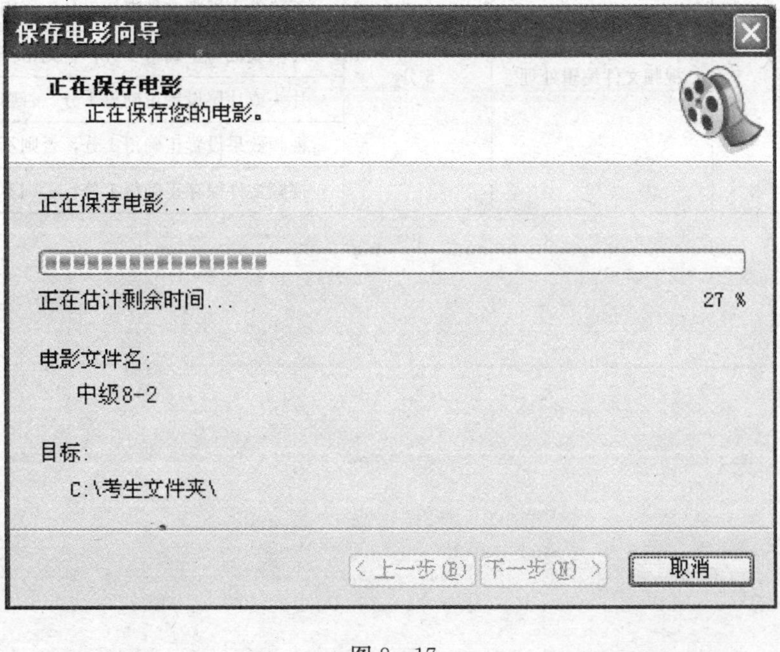

图 8—17

保存完成后，弹出如图 8—18 所示的对话框，单击"完成"按钮，完成视频文件的保存操作。

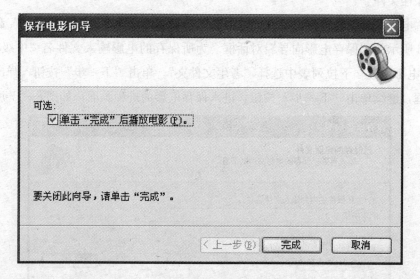

图 8—18

## 2. 评分项目及标准

| 评分项目 | 评分要点 | 配分 | 评分标准及扣分 |
|---|---|---|---|
| 视频文件导入及编辑处理 | 视频文件编辑处理 | 5分 | 正确导入音频文件得 0.5 分，否则不得分 |
| | | | 正确导入视频文件得 0.5 分，否则不得分 |
| | | | 时间线裁剪正确得 1 分，否则不得分 |
| | | | 片头或片尾设置正确得 1 分，否则不得分 |
| | | | 视频效果设置正确得 1 分，否则不得分 |
| | | | 视频文件保存正确得 1 分，否则不得分 |

# 第二部分 模 拟 试 卷

## 理论知识考核模拟试卷

**一、判断题**（下列判断正确的请在括号内打"√"，错误的请在括号内打"×"，每题
0.5分，共20分）

1. 不间断电源是一种含有储能装置、以逆变器为主要组成部分的恒压恒频的电源设备。

                                （  ）

2. 常见的 UPS 电源主要有在线式、后备式两种。       （  ）

3. 在保留现有系统的基础上安装 Windows XP，这种安装方式是全新安装。 （  ）

4. 发送邮件服务的协议是 SMTP。           （  ）

5. 如果磁盘是用 FAT32 文件系统格式化的，则卷标最多包含 8 个字符。 （  ）

6. 文件类型一般由文件的扩展名决定。         （  ）

7. "备份"工具可以用来加密数据。          （  ）

8. 回收站中的文件都可以恢复。           （  ）

9. shift 键是用来进行中英文及其他字符键转换的。     （  ）

10. 按英文页面版式划分，信函的版式可以分为齐列式、斜列式、混合式。 （  ）

11. 在 4、5、6、7 键中，4 键应由左手食指来敲击。     （  ）

12. 在 Word 2003 中，合并字符功能可以将多个字符合并为一个，最多可以合并 8 个字
符。                             （  ）

13. 在 Word 2003 中，设置表格的跨页断行属性，不可以禁止表格断开出现在不同的页
面中。                          （  ）

14. 在 Word 2003 中，系统提供了一些快捷键用于插入常用的域，如使用快捷键 Alt＋
Shift＋P 插入当前系统时间。               （  ）

15. 目前，MPEG 格式有三个压缩标准，分别是 MPEG－1、MPEG－2 和 MPEG－4。

                                （  ）

16. JEIDA 信息是镶嵌在 JPEG 图像文件格式内的一组拍摄参数。  （  ）

17. 视频效果决定了视频剪辑、文字的显示方式。 （　　）

18. 上传文件时，应该注意网站对文件的容量和格式有什么限制。 （　　）

19. FTP 默认使用的端口号是 22。 （　　）

20. FTP 的传输有两种方式：ASCII 传输模式和二进制数据传输模式。 （　　）

21. 通常将网站的起始页或开始页称做当前页。 （　　）

22. 在 PowerPoint 2003 中，配色方案由 8 种颜色设置组成。 （　　）

23. 在 PowerPoint 2003 中，如果没有内容占位符，用户可以选择"插入"菜单"图片"子菜单中的"剪贴画"命令，来选择和插入剪贴画。 （　　）

24. 在 PowerPoint 2003 中，当采用"观众自行浏览"方式时，演讲者具有充分的放映权。 （　　）

25. 在 PowerPoint 2003 中，放映演示文稿时，放映流程和效果不可以控制。 （　　）

26. 在 PowerPoint 2003 中，如果"预览效果"复选框处于未选中状态，则可以在幻灯片视图中立刻观察到动画效果。 （　　）

27. 在 Excel 2003 中，选中"区分大小写"复选框进行查找操作时，"a"和"A"表示相同的字符。 （　　）

28. 在 Excel 2003 中，工作表的地址的格式为工作表名！：单元格地址。 （　　）

29. 类似数字符号主要有西文番号、中文番号两种。 （　　）

30. 回车键由两个大拇指负责。 （　　）

31. MIDI 文件记录的是乐曲本身。 （　　）

32. 混合声音是指将已有的声音与新录制的声音进行叠加。 （　　）

33. "××的文档"是用户独有的文件夹。 （　　）

34. Delete 键可以用来删除文件。 （　　）

35. 在 Excel 2003 中，常量值可以是数字值或者是文字。 （　　）

36. 在 Excel 2003 中输入公式时，总是以等号作为开头。 （　　）

37. Excel 2003 在建立工作表时，单元格缺省宽度设定为 7.38 个字符宽度。 （　　）

38. 在线工作是指在没有连接 Internet 网络服务的状态下，浏览曾经访问过的网页。
（　　）

39. Word 2003 的邮件合并进程涉及三个文档：主文档、数据源和次文档。 （　　）

40. 在 Word 2003 中，阅览批注时只要将鼠标放至批注处，即可看到显示的批注框。
（　　）

**二、单项选择题**（下列每题有 4 个选项，其中只有 1 个是正确的，请将其代号填写在横线空白处，每题 0.5 分，共 80 分）

1. Windows 的磁盘清理程序，可以删除磁盘中_____。
   A. 不要的文件　　　　　　　　B. 系统文件
   C. 视频文件　　　　　　　　　D. 音频文件

2. 常见的应用程序安装方式包括_____和自定义安装。
   A. 全新安装　　　　　　　　　B. 标准安装
   C. 格式化安装　　　　　　　　D. 覆盖安装

3. _____不需要选择安装组件，而按照安装程序的默认设置安装指定的组件。
   A. 自定义安装　　　　　　　　B. 全新安装
   C. 标准安装　　　　　　　　　D. 覆盖安装

4. _____可以根据需要，由用户自己选择需要的组件。
   A. 自定义安装　　　　　　　　B. 全新安装
   C. 标准安装　　　　　　　　　D. 覆盖安装

5. Internet Explorer 默认使用 Outlook Express 作为_____。
   A. 新闻发布软件　　　　　　　B. HTML 编辑器
   C. 电子邮件软件　　　　　　　D. FTP 软件

6. 设置电子邮箱账户时不需要设置_____。
   A. 用户上网密码　　　　　　　B. 用户名
   C. 密码　　　　　　　　　　　D. 邮件服务器的地址

7. 后备式 UPS 电源的供电方式是市电输入 UPS 电源后分为_____运行。
   A. 一路　　　　　　　　　　　B. 两路
   C. 三路　　　　　　　　　　　D. 四路

8. UPS 不间断电源工作质量的高低主要依赖其_____的性能。
   A. 物理电源　　　　　　　　　B. 后备电源
   C. 生物电源　　　　　　　　　D. 化学电源

9. 计算机的_____可以分成输入设备和输出设备两类。
   A. 运算设备　　　　　　　　　B. 外部设备
   C. 控制器　　　　　　　　　　D. 内部设备

10. _____设备是人与计算机交互的一种部件，用于数据的输出。
    A. 输入　　　　　　　　　　　B. 运算
    C. 输出　　　　　　　　　　　D. 存储

11. 打印机属于_____。
   A. 显示输出设备　　　　　　　　B. 打印输出设备
   C. 语音输出设备　　　　　　　　D. 数据记录设备

12. 安装扫描仪的程序，一般来说都是先行安装扫描仪的驱动程序，再安装_____。
   A. 电源　　　　　　　　　　　　B. 接口
   C. 硬件及随机所附的应用软件　　D. 系统兼容软件

13. 操纵杆是一种用于计算机游戏的专用_____设备。
   A. 操纵　　　　　　　　　　　　B. 输入
   C. 输出　　　　　　　　　　　　D. 附属

14. 一般计算机声卡的_____通过音频线来连接音箱的 Line 接口。
   A. Line Out 接口　　　　　　　　B. Line in 接口
   C. Mic 接口　　　　　　　　　　D. USB 接口

15. 下列属于操作系统默认的常用热键的是_____。
   A. Tab＋Space　　　　　　　　　B. Ctrl＋Alt
   C. Shift＋Space　　　　　　　　D. Tab＋Shift

16. 下列属于 Windows 的墙纸文件支持的图形文件格式是_____。
   A. .bmp　　　　　　　　　　　　B. .log
   C. .doc　　　　　　　　　　　　D. .ini

17. 设置电子邮箱账户时，在"电子邮件服务器名"对话框中应该填写接收和发送的服务器_____。
   A. 主机名　　　　　　　　　　　B. 域名
   C. 描述　　　　　　　　　　　　D. MAC 地址

18. 使用_____可以避免通信的中断、重要数据的丢失和硬件的损坏。
   A. WPS　　　　　　　　　　　　B. UPS
   C. UBS　　　　　　　　　　　　D. USB

19. 在原有的 Windows 系统上覆盖安装 Windows XP，这种安装方式是_____。
   A. 多系统共存安装　　　　　　　B. 升级安装
   C. 全新安装　　　　　　　　　　D. 格式化安装

20. 硬盘分区就是把硬盘划分为_____区域，在每个区域里建立一个逻辑驱动器。
   A. 若干个　　　　　　　　　　　B. 两个以上
   C. 两个　　　　　　　　　　　　D. 三个

21. _____就是把硬盘划分为若干区域，在每个区域里建立一个逻辑驱动器。

A. 磁盘整理　　　　　　　　　B. 硬盘分区
C. 硬盘格式化　　　　　　　　D. 磁盘扫描

22. _____一般指的是除主分区外的分区，但它不能直接使用。
    A. 次分区　　　　　　　　　B. 扩展分区
    C. 逻辑分区　　　　　　　　D. 活动分区

23. _____是对扩展分区再进行划分得到的。
    A. 物理驱动器　　　　　　　B. 逻辑驱动器
    C. 硬盘驱动器　　　　　　　D. 软盘驱动器

24. _____分区采用 32 位的文件分配表。
    A. FAT　　　　　　　　　　B. FAT32
    C. FAT64　　　　　　　　　D. NTFS

25. 如果磁盘是用_____文件系统格式化的，则卷标最多包含 11 个字符。
    A. FAT　　　　　　　　　　B. FAT32
    C. FAT64　　　　　　　　　D. NTFS

26. 在文件属性页中，以下说法正确的是_____。
    A. 占用空间指的是该文件在磁盘中实际占用的物理空间
    B. 大小指的是该文件占用的物理空间
    C. 以压缩的方式存放的文件所占用的空间大于文件实际大小
    D. 以上都不对

27. 以下不是文件属性第四栏所显示的内容的是_____。
    A. 修改时间　　　　　　　　B. 更新时间
    C. 访问时间　　　　　　　　D. 创建时间

28. 为了防止某些重要的文件被误删可以将文件设置为_____属性。
    A. 加密　　　　　　　　　　B. 存档
    C. 只读　　　　　　　　　　D. 隐藏

29. 用户_____选中多个文件后，查看其属性。
    A. 不可以　　　　　　　　　B. 可以
    C. 一般不可以　　　　　　　D. 不允许

30. 文件夹的全路径不包括_____。
    A. 驱动器　　　　　　　　　B. 父文件夹
    C. 名字　　　　　　　　　　D. 子文件夹

31. 单击"_____"按钮表示用文件夹中最后修改的四个图像来标识该文件夹。

A. 浏览图标             B. 选择图标

C. 还原默认图标        D. 修改图标

32. 要查看某一文件的属性有_____方法。

     A. 一种                 B. 两种

     C. 三种                 D. 四种

33. 在文件的属性页中，可以更改文件的_____。

     A. 文件名               B. 大小

     C. 修改时间            D. 创建时间

34. _____决定了用户能够对该文件进行何种动作。

     A. 文件类型            B. 文件大小

     C. 文件图标            D. 文件位置

35. 在文件属性页中，大小指的是该文件的_____。

     A. 实际大小            B. 占用的空间

     C. 物理空间            D. 以上都不对

36. 为了防止数据在系统硬件或存储介质出现故障时受到破坏，一般采用"_____"工具。

     A. 安全中心            B. 磁盘清理

     C. 磁盘碎片整理        D. 备份

37. 以下步骤可以打开"备份或还原向导"对话框的是_____。

     A. "开始"→"所有程序"→"附件"→"系统工具"→"备份"

     B. "开始"→"所有程序"→"启动"→"系统工具"→"备份"

     C. "开始"→"所有程序"→"附件"→"辅助工具"→"备份"

     D. "开始"→"所有程序"→"附件"→"管理工具"→"备份"

38. 如果使用_____登录，"我的电脑"窗口中可看到所有用户的"××的文档"文件夹。

     A. USER 用户         B. 管理员用户

     C. GUEST 用户        D. USER 组中的任何用户

39. 简单共享方式无法为文件夹或文件设置_____。

     A. 共享名              B. 共享路径

     C. 共享密码            D. 访问权限

40. "Shared Documents"是系统提供的_____。

     A. 共享文件夹         B. 安全文件夹

C. 共享文档                      D. 共享文本

41. 更改文件夹共享名_____更改文件夹的实际名称。

    A. 会                        B. 不一定会

    C. 不会                 D. 以上都不对

42. EFS 的作用是_____。

    A. 加密文件系统          B. 管理用户账号

    C. 管理文件系统          D. 优化内存

43. 使用 EFS 文件加密功能_____加密文件夹及其下的所有内容。

    A. 可以               B. 不可以

    C. 有的可以          D. 以上都不对

44. 使用 EFS 文件加密功能加密后的文件，_____。

    A. 管理员可以删除      B. 管理员不能删除

    C. 任何用户都可以删除   D. 任何用户都不能删除

45. "_____"工具使查找需要的文件或文件夹变得简单容易。

    A. 运行               B. 搜索

    C. 查找               D. 系统

46. 在查找文件时，不能根据文件的_____进行查找。

    A. 类型               B. 打开方式

    C. 名称               D. 大小

47. 查找文件时使用的通配符的是_____。

    A. 星号               B. 井号

    C. 波浪号            D. 逗号

48. _____只能代替文件名中的一个字符。

    A. 星号               B. 井号

    C. 波浪号            D. 问号

49. 如果做了错误的删除操作，可以在_____找到被误删的文件。

    A. 我的文档         B. 内存

    C. 网上邻居        D. 回收站

50. 清空回收站，将_____地把文件删除。

    A. 永久性         B. 暂时性

    C. 随机性         D. 临时性

51. _____就是把键盘上的所有键合理地分配给十个手指。

A. 坐姿端正      B. 正确的手形

C. 手指分工      D. 以上都不对

52. 键盘的基本键共有_____。

A. 6个      B. 7个

C. 8个      D. 9个

53. 击键完成后，左手食指应立即返回到_____上。

A. J键      B. F键

C. G键      D. H键

54. 对于_____打字而言，以每一击作为基本单位。

A. 键盘      B. 英文

C. 字符      D. 汉语

55. 在计算时，若错误率在_____内，对错情不做处理。

A. 1‰      B. 5‰

C. 2‰      D. 3‰

56. 在计算时，若错误率超过允许值，对每一错情扣除_____。

A. 5击      B. 6击

C. 8击      D. 10击

57. 打字时，操作人员两肘应贴于_____，身体可略前倾斜。

A. 腋边      B. 键盘

C. 大腿      D. 腰间

58. 打字时，手指指端的第一关节要同键盘保持_____。

A. 平行      B. 垂直

C. 60°角      D. 75°角

59. 打字时，左右手大拇指放在_____上。

A. B字键      B. V字键

C. 回车键      D. 空格键

60. "按键"会使打出的字符出现_____，严重地影响了打字质量。

A. 单影      B. 双影

C. 模糊      D. 阴影

61. 在键盘学习阶段应把准确率放在_____。

A. 第一位      B. 第二位

C. 第三位      D. 第四位

62. 按英文页面版式划分，齐列式信函版式中每段段首左端对齐，段内采用_____行距。

    A. 单倍                      B. 双倍

    C. 三倍                      D. 四倍

63. 信内地址每行缩进二格，信文每段段首缩进五格，段内行距与段间的行距均采用双倍行距。以上是现代的英文页面版式中的_____。

    A. 齐列式                   B. 斜混式

    C. 混合式                   D. 斜列式

64. 击 G 键时，_____离开基本键位向右移，用左手食指击 G 键。

    A. 左手食指                B. 整个左手

    C. 左手拇指                D. 左手中指

65. R、T、Y、U 键中 Y 应由_____来敲击。

    A. 左手食指                B. 无名指

    C. 右手食指                D. 中指

66. Z、X、C、","".""/" 键中 C 键应由_____来敲击。

    A. 左手小指                B. 左手无名指

    C. 左手中指                D. 右手小指

67. 零星数字打法就是整个手离开基本字键向上移至第四行，用手指指端_____击键，击毕，手迅速回到基本键位。

    A. 水平                      B. 前倾

    C. 后倾                      D. 垂直

68. 社会新闻类文章基本上是纯_____字符，格式变化少。

    A. 英文                      B. 中文

    C. 法语                      D. 德语

69. 下列选项中，属于数字符号的是_____。

    A. 西文半角                B. 中文全角

    C. 中文半角                D. 中文繁体

70. 罗马数字中，XL 表示_____。

    A. 5                         B. 50

    C. 60                       D. 40

71. 我们通常使用_____录入数字符号和类似数字符号。

    A. 特殊键盘                B. 软键盘

C. 虚拟键盘      D. 无线键盘

72. Q、W、O、P 键中 O 应由_____来敲击。

     A. 左手小指      B. 右手小指

     C. 左手无名指      D. 右手无名指

73. V、B、N、M 键中 M 应由_____来敲击。

     A. 右手食指      B. 无名指

     C. 左手食指      D. 中指

74. ⑥属于_____。

     A. 中文番号      B. 西文半角

     C. 西文番号      D. 中文半角

75. Windows 内置的中文输入法为用户提供了_____软键盘。

     A. 1 种      B. 5 种

     C. 10 种      D. 13 种

76. 在 Word 2003 中，脚注和尾注都包含两个部分：_____和注释文本。

     A. 注释图表      B. 注释符号

     C. 文本标记      D. 注释标记

77. 在 Word 2003 中，合并字符的功能是_____。

     A. 将分散的合并成两个以上的连续字符      B. 将多个小字符合并成几个大的字符

     C. 可以将多个字符合并为一个      D. 将一个大字符分散为几个小字符

78. 在 Word 2003 中，_____出现在每一页的末尾。

     A. 脚注      B. 尾注

     C. 注释标记      D. 注释文本

79. 在 Word 2003 中，域就是引导 Word 在文档中自动插入_____的一组代码。

     A. 文字、图形、页码      B. 图形、文本

     C. 页码、格式、背景      D. 图片、背景、音乐

80. Word 2003 提供了_____大类共 74 种域。

     A. 8      B. 9

     C. 7      D. 6

81. 在 Word 2003 中，按 Esc 键可以_____当前的查找。

     A. 列出      B. 取消

     C. 显示查找      D. 定点查找

82. 在 Word 2003 中，把插入点光标直接移动到指定位置被称为_____。

A. 替换操作                       B. 选定操作

C. 定位操作                       D. 查询操作

83. 如果在 Word 2003 文档中给一些汉字添加汉语拼音,则可以使用 Word 提供的
_____功能。

    A. 插入注释                      B. 标注文本

    C. 拼音指南                      D. 插入标记

84. 在 Word 2003 中,一些数学、物理、化学公式经常用到_____。

    A. 脚注                            B. 上标和下标

    C. 尾注                            D. 标注

85. 在 Word 2003 中,下列邮件合并主要操作步骤正确的是_____

    ①创建主文档。

    ②进行合并操作。

    ③制作和处理数据源。

    A. ②③①                        B. ①②③

    C. ①③②                        D. ②①③

86. Word 2003 中的裁剪操作并不是真的将图片切割,而是修改图片在页面上的
_____,以控制图片的显示范围。

    A. 显示区域                      B. 显示大小

    C. 显示形状                      D. 显示分辨率

87. 在 Word 2003 中,通讯录列表文件的扩展名为"_____"。

    A. . txt                             B. . mdb

    C. . doc                            D. . dat

88. 在 Word 2003 中,单元格间距指的是_____之间的距离。

    A. 单元格与右边框               B. 单元格与左边框

    C. 单元格与单元格               D. 单元格与上下边框

89. 在 Word 2003 中,_____是文档的审阅者在不更改正文的基础上,为文档添加的
注释和建议信息。

    A. 说明                            B. 解释

    C. 注释                           D. 批注

90. 在 Word 2003 中,利用_____可以保护文档。

    A. 签名                            B. 标记

    C. 注释                           D. 批注

91. 在 Excel 2003 中，数字值包括日期、时间、货币、_____或者是符号。

    A. 百分比、分数、波浪线        B. 百分比、分数、科学计数

    C. 百分比、分数、空格计数       D. 百分比、下划线、科学计数

92. _____是 Excel 2003 最基本的组成部分，它可以存储不同类型的数据。

    A. 工作表                     B. 工作簿

    C. 单元格                     D. 单位

93. 在 Excel 2003 中，确认输入的数据到单元格中，可以按_____。

    A. Tab 键                   B. Enter 键

    C. Ctrl 键                  D. Esc 键

94. 在 Excel 2003 中，Esc 键的功能是_____。

    A. 取消在当前单元格中输入的数据        B. 剪切在当前单元格中输入的数据

    C. 复制在当前单元格中输入的数据        D. 粘贴在当前单元格中输入的数据

95. 无论显示的数字位数有多少，Excel 2003 都将只保留 15 位的数字精度，剩余的都将_____。

    A. 不处理                   B. 丢弃

    C. 舍入为零                D. 以最后的数字为开始向前覆盖

96. 在 Excel 2003 中，为了使以后在查看工作表时能了解某些重要的单元格的含义，则可以给其添加_____。

    A. 批注信息                 B. 公式

    C. 特殊符号                D. 颜色标记

97. 在 Excel 2003 中，改变行高和列宽的目的是把整个单元格中的数据_____。

    A. 隐藏在表格中不显示        B. 按列宽显示

    C. 按照行高显示           D. 完全显示出来

98. Excel 2003 提供了_____和高级筛选两种筛选方式。

    A. 自动筛选                 B. 手动筛选

    C. 快速筛选                D. 低级筛选

99. 在 Excel 2003 中，表示无法识别的名字的提示为_____。

    A. ＃＃＃＃??               B. NAME?

    C. ＃NAME?               D. ＃＃NAME

100. 在 Excel 2003 中，快速创建图表时先选取制作图表所需的_____，再按下 F11 键，即生成一个简单的柱形图。

    A. 数值                     B. 数值区域

C. 数据
D. 数据区域

101. 在 Excel 2003 中，逗号可以将两个单元格引用名联合起来，常用于处理一系列_____的单元格。

   A. 不连续
   B. 连续
   C. 选定
   D. 选定区域

102. 在 Excel 2003 中，通过在行号和列号前面添加符号"$"来标识单元格地址为_____。

   A. 混合地址
   B. 数据库地址
   C. 绝对地址
   D. 相对地址

103. 在 Excel 2003 中 Sum 表示_____。

   A. 函数求和
   B. 对数据项求商
   C. 函数求积
   D. 函数求差

104. 使用 Excel 2003 的分类汇总功能中，最常用的是对分类数据_____。

   A. 求和或平均值
   B. 求和或最大值
   C. 求最大值或平均值
   D. 求最大值或最小值

105. 在 Excel 2003 中，在分数前输入 0 和空格是为了_____。

   A. 避免在输入的过程中漏了 0
   B. 避免所输入的字数不够
   C. 避免把输入的分数视为日期
   D. 没有什么作用就是为了补足字数

106. 在 PowerPoint 2003 中，设计模板包含预定义的格式和_____。

   A. 设计主题
   B. 配色方案
   C. 设计风格
   D. 设计方案

107. 在 PowerPoint 2003 中，_____是一组可用于演示文稿的预设颜色。

   A. 颜色方案
   B. 配色方案
   C. 设计模板
   D. 动画效果

108. 在 PowerPoint 2003 中，用户可以在幻灯片中为对象创建动画效果，下列不属于以上对象的是_____。

   A. 文本
   B. 声音
   C. 形状
   D. 属性

109. 在 PowerPoint 2003 中，用户可以在幻灯片中为对象创建_____。

   A. 动画效果
   B. 动漫效果
   C. 动作效果
   D. 以上都不是

110. 在 PowerPoint 2003 中，_____代表热情、奔放、喜悦、庆典。

A. 红色                                B. 黑色

C. 黄色                                D. 白色

111. 在 PowerPoint 2003 中，色彩的种类很多，不属于绿色的含义的是_____。

A. 生命                                B. 植物

C. 稳重                                D. 生机

112. 在 PowerPoint 2003 中，以下_____不属于暖色调。

A. 红色                                B. 橙色

C. 黄色                                D. 蓝色

113. 在 PowerPoint 2003 中，在色彩搭配上，_____搭配，变得活泼。

A. 中间调与低调                        B. 中间调与高调

C. 低调与高调                          D. 以上都不是

114. 在 PowerPoint 2003 的一个幻灯片中，不要将所有颜色都用到，尽量控制在
_____色彩以内。

A. 两种                                B. 三种

C. 四种                                D. 五种

115. 在 PowerPoint 2003 中，幻灯片放映时，按 F1 键可以显示_____对话框。

A. 幻灯片放映帮助                      B. 重命名

C. 另存为                              D. 函数语法帮助

116. 在 PowerPoint 2003 中，下列属于幻灯片放映方式的是_____。

A. 演讲者放映（全屏幕）                B. 在展台浏览（窗口）

C. 在课堂放映（窗口）                  D. 观众自行浏览（全屏幕）

117. 在 PowerPoint 2003 中，在"页面设置"对话框中，"宽度"和"高度"框中的数
值的单位是_____。

A. 毫米                                B. 厘米

C. 分米                                D. 微米

118. 在 PowerPoint 2003 中的打印对话框中，"打印机"栏的"名称"下拉列表中，可
以选择要使用的_____。

A. 打印设备                            B. 打印文件

C. 打印程序                            D. 打印驱动

119. 在 PowerPoint 2003 中，可以将动画应用于幻灯片中的_____。

A. 所有项目                            B. 第一个项目

C. 前三个项目                          D. 最后一个项目

120. PowerPoint 的动画效果一般分为_____。

    A. 4 类                          B. 5 类

    C. 6 类                          D. 7 类

121. 如果上传的是图片，不需要注意的是_____。

    A. 网站对图片的容量的限制           B. 网站对图片的格式的限制

    C. 对图片的分辨率的要求             D. 网站对图片的好看程度的限制

122. FTP 协议是 Internet 文件传送的基础，它由一系列_____组成，目标是提高文件的共享性。

    A. 说明文档                       B. 规格文档

    C. 规格说明文档                    D. 普通文档

123. FTP 的主要作用是让用户连接上一个远程计算机，查看远程计算机有哪些文件，然后操作文件的_____。

    A. 上传和下载                     B. 上传和删除

    C. 删除和下载                     D. 编辑和下载

124. FTP 是英文_____的缩写。

    A. File Transfer Protocol        B. File Transfer Project

    C. File Translate Protocol       D. File Transaction Protocol

125. 从远程计算机拷贝文件至自己的计算机上，称之为_____文件。

    A. 下载                          B. 上传

    C. 安装                          D. 卸载

126. FTP 的作用是完成两台计算机之间数据的_____。

    A. 转换                          B. 拷贝

    C. 更新                          D. 同步

127. 在"快速连接"工具栏的"端口"框中输入服务器的端口号，一般该端口号为"_____"。

    A. 20                            B. 21

    C. 23                            D. 25

128. 连接 FTP 服务器后，上传和下载文件非常简单，都可以通过_____文件或者文件夹的图标来实现。

    A. 拖拽                          B. 双击

    C. 剪切                          D. 发送

129. 网际快车是 Internet 上较流行的一款_____软件。

A. 下载        B. 播放

C. 上传        D. 上网加速

130. 使用网际快车下载文件时，默认的保存路径是"_____"。

     A. D：\ Downloads        B. C：\ Downloads

     C. E：\ Downloads        D. C：\ Download

131. 统一资源定位器的英文缩写是_____。

     A. USB        B. URL

     C. MAC        D. IP

132. URL 用于指明资料在互联网络上的取得方式与位置，其格式为_____。

     A. 通信协议：//服务器地址〔：通信端口〕/文件名/路径

     B. 通信协议：//服务器地址〔：通信端口〕/路径/文件名

     C. 通信协议：//服务器地址〔：路径〕/通信端口/文件名

     D. 通信端口：//服务器地址〔：通信协议〕/路径/文件名

133. 在脱机工作时，浏览器窗口的_____中将出现"脱机工作"的字样。

     A. 标题栏        B. 菜单栏

     C. 状态栏        D. 记录栏

134. 在历史记录栏里，能够脱机访问的网页以_____字体显示。

     A. 红色        B. 黑色

     C. 黄色        D. 绿色

135. 在 CuteFTP 软件中，将左侧窗格中的文件拖动到右侧窗格中，就可以_____文件。

     A. 删除        B. 上传

     C. 安装        D. 下载

136. 下列不属于计算机中常见的声音文件格式的是_____。

     A. APE        B. JPG

     C. WAV        D. CDA

137. 用不同的采样频率对声音的模拟波形进行采样可以得到一系列离散的采样点，以不同的量化位数把这些采样点的值转换成_____，然后存入磁盘，这就产生了声音的 WAV 文件。

     A. 二进制数        B. 八进制数

     C. 十进制数        D. 十六进制数

138. MIDI 文件中包含音符定时和多达_____通道的乐器定义。

A. 10 个　　　　　　　　　　B. 13 个

C. 16 个　　　　　　　　　　D. 18 个

139. WAV 文件是＿＿＿＿的音频文件格式。

    A. Microsoft 公司　　　　　B. IBM 公司

    C. 苹果公司　　　　　　　　D. 西门子公司

140. MP3 文件是现在最流行的声音文件格式，因其＿＿＿＿，所以音质不能令人非常满意。

    A. 压缩率小　　　　　　　　B. 压缩率偏小

    C. 压缩率中等　　　　　　　D. 压缩率大

141. WMA 是＿＿＿＿的缩写，相当于只包含音频的 ASF 文件。

    A. Windows Media Auto　　　B. Win Media Audio

    C. Windows Media Audio　　　D. Windows Mdi Audio

142. ＿＿＿＿的文件大小大概为 CD 的一半。

    A. AVI　　　　　　　　　　B. APE

    C. WAV　　　　　　　　　　D. WMA

143. ＿＿＿＿的扩展名为 .RA。

    A. Real Audio　　　　　　　B. MPEG－3

    C. CD Audio　　　　　　　　D. MIDI

144. 录音机可以用于＿＿＿＿声音文件，其音频文件格式为 WAV。

    A. 播放　　　　　　　　　　B. 播放和录制

    C. 录制和编辑　　　　　　　D. 播放、录制和编辑

145. ＿＿＿＿工具是一个主控制器，它可以调整立体声平衡以及与系统相连的输入、输出设备的音量。

    A. 音量控制　　　　　　　　B. 视频控制

    C. 媒体校正　　　　　　　　D. 系统控制

146. 在 RealPlayer 中，通过调整＿＿＿＿，可以设置各频段的增益和衰减，以得到更为满意的音频效果。

    A. 图形均衡器　　　　　　　B. 音频处理器

    C. 音频调整器　　　　　　　D. 效果调整器

147. 如果用户在进行 AVI 格式的视频播放时遇到了问题，可以通过下载相应的＿＿＿＿来解决。

    A. 补丁　　　　　　　　　　B. 解码器

C. 播放器      D. 漏洞

148. AVI格式的文件，优点是图像质量好，可以跨多个平台使用，其缺点是_____，而且压缩标准不统一。

A. 存储有限制      B. 体积过大
C. 支持的软件少      D. 不能长期存储

149. 目前非常流行的数码摄像机使用DV－AVI格式记录视频数据，它可以通过计算机的_____端口传输视频数据到计算机。

A. IEEE1394      B. USB口
C. 并口      D. 串口

150. _____格式的英文全称为Moving Picture Expert Group。

A. AVI      B. MPEG
C. ASF      D. MP3

151. DivX格式即通常所说的_____格式。

A. VCDrip      B. DVDrip
C. VCD      D. DVD

152. MOV格式最大的特点是_____。

A. 网络传送速率快      B. 清晰度高
C. 跨平台性      D. 体积小

153. ASF格式使用了MPEG－4的_____，压缩率和图像的质量都很不错。

A. 压缩算法      B. 解压算法
C. 编辑方式      D. 存储算法

154. RMVB是一种由_____视频格式升级延伸出的新视频格式。

A. RM      B. MPEG－4
C. MOV      D. AVI

155. RMVB视频格式具有_____等独特优点。

A. 外置字幕和无需外挂插件支持      B. 外置字幕和无需内置插件支持
C. 内置字幕和无需外挂插件支持      D. 内置字幕和内置挂插件支持

156. 使用Windows Movie Maker软件，如果导入的是_____文件，则在"收藏"下将创建一个新收藏。

A. 声音      B. 图片
C. 视频      D. 文字

157. Windows Movie Maker根据视频中的时间戳来_____。

A. 创建剪辑      B. 删除剪辑

C. 保存剪辑      D. 查看剪辑

158. 在_____时，"情节提要"和"时间线"的侧重点不同，"情节提要"视图主要显示剪辑的顺序。

  A. 视频制作      B. 音频制作

  C. Authorware 制作   D. Flash 制作

159. 使用 Windows Movie Maker 软件，保存项目时保存的是_____。

  A. 电影文件      B. 编辑状态

  C. 电影片段      D. 电影声音

160. 要查看或输入照片的_____的信息，应该右击照片，选择属性，点击摘要。

  A. 创建时间      B. 主题、场景描述

  C. 位置       D. 文件类型

# 理论知识考核模拟试卷参考答案

**一、判断题**

1. √  2. √  3. ×  4. √  5. ×  6. √  7. ×  8. √  9. ×  10. √  11. √  12. ×
13. ×  14. ×  15. √  16. ×  17. ×  18. √  19. ×  20. √  21. ×  22. √  23. √
24. ×  25. ×  26. ×  27. ×  28. √  29. √  30. ×  31. ×  32. √  33. √  34. √
35. √  36. √  37. ×  38. ×  39. ×  40. √

**二、单项选择题**

1. A  2. B  3. C  4. A  5. C  6. A  7. B  8. D  9. B  10. C  11. B  12. C  13. B
14. A  15. C  16. A  17. B  18. B  19. B  20. A  21. B  22. B  23. B  24. B  25. A
26. A  27. B  28. C  29. B  30. D  31. C  32. B  33. A  34. A  35. A  36. D  37. A
38. B  39. D  40. A  41. C  42. A  43. A  44. A  45. B  46. B  47. A  48. D  49. D
50. A  51. C  52. C  53. B  54. B  55. B  56. D  57. A  58. B  59. D  60. B  61. A
62. A  63. D  64. B  65. C  66. C  67. D  68. B  69. A  70. D  71. B  72. D  73. A
74. C  75. D  76. D  77. C  78. A  79. A  80. B  81. B  82. C  83. C  84. A  85. C
86. A  87. B  88. C  89. D  90. D  91. B  92. C  93. B  94. A  95. C  96. A  97. D
98. A  99. C  100. D  101. A  102. C  103. A  104. A  105. C  106. B  107. B  108. D
109. A  110. A  111. C  112. D  113. B  114. B  115. A  116. A  117. B  118. A  119. A
120. A  121. D  122. C  123. A  124. A  125. A  126. B  127. B  128. A  129. A  130. B
131. B  132. B  133. A  134. B  135. B  136. B  137. A  138. C  139. A  140. D  141. C
142. B  143. A  144. D  145. A  146. A  147. B  148. B  149. A  150. B  151. B  152. C
153. A  154. A  155. C  156. C  157. A  158. A  159. B  160. B

# 操作技能考核模拟试卷

**一、计算机安装、连接、调试**（本题总分值为 10 分）

1. 按照操作步骤，正确地连接 UPS 不间断电源。（2 分）

2. 设置屏幕分辨率为 800×600 像素，颜色质量为中（16 位）。（2 分）

3. 在系统中删除"黑体"字体。（2 分）

4. 对考试机上的最后一个磁盘进行磁盘查错操作，并且"自动修复文件系统错误"。（2 分）

5. 启动 Internet Explorer 浏览器，设置历史记录的保留时间为 30 天，并将"百度"设置为 Internet 搜索默认值。（2 分）

**二、文件管理**（本题总分值为 5 分）

1. 查找文件

查找 C 驱动器中上个月修改过的、大小在 1 MB 以内、扩展名为".txt"的所有文件，查找完毕后设置查看方式为平铺。（3 分）

2. 文件加密

对"素材库（中级）\考生素材 1\综合素材 2. doc"进行加密操作，设置"加密文件内容以便保护数据"，且只加密文件。（2 分）

**三、文字录入**（本题总分值为 20 分）

1. 英文录入

在 10 min 之内录入下面的英文内容。（8 分）

Chines are famous for their cuisine. Chinese are the ultimate gourmet Especially in south China，they would say they'd eat everything thathas four legs besides the dinner table，averything newcomers. And many of these dishes are so called medicinal dishes belivevd to have extraordinary untritional value，in cluding Shark Fin，Swallow Nest.

Snake soup is among the most treasured soups in China. Then there are also snake galls and blood mixed in liquor which supposedly will brighten your eyes. Some"westernized" Chinese would suggest that if Adam and Eve had been Chinese we humans would still be in the Garden of Eden as they would have eaten the snake. Chopsticks are the main table utensils in China. Chinese children starts with a spoon but will adapt to chopsticks as early as when he just turns one. As a gift chopsticks symbolize straightfor wardness，because of its shape. Chinese chopsticks don't have pointed tip，unlike the Japanese style that is refined to pick out the bones for their main diet，fish．Chinese chopsticks are mostly of bamboo，but today there are more and more wooden ones and plastic ones.

Foreigners are not expected to use chopsticks proficiently，but if they do，they will give a mighty impression．Therefore before you go to China，go to the local Chinese restaurant，if not to find authentic Chinese food，at least you can practice the use of chopsticks．If in your first meal in China you don't have to use chopsticks，then if you still can't handle the two sticks to pick up a big shrimp in your tenth meal，you show your incompetence in learning and the willingness to learn.

2. 中文录入

在 10 min 之内录入下面的中文内容。（8分）

水的问题将会同 70 年代的能源一样，成为下世纪初世界大部地区面临的最严峻的自然资源问题。地球的淡水比例仅占 2.8％左右，其中 90％以上蕴藏在南北两极的冰雪中或在地下面，其余不到 1％的淡水又有将近一半被土壤和空气吸收，余下的部分蕴藏在地球表面分布极不均等的江河湖泊之中。据统计，过去的 50 多年，全世界淡水使用量增加将近 4 倍，每年高达 4 130 立方千米，农业用水占全部用水的 60％，因为过去的 20 余年中，灌溉面积增加三分之一以上。亚洲国家的用水量增长最快。据预测，亚洲的用水量下世纪将从目前占世界用水量的一半上升到近三分之二。

许多国家水资源污状况的恶化使得用水紧张状况进一步加剧。世界性的水荒已经开始带来严重后果：全球部分地区已经出现因淡水供应不足而限制了各方面发展的状况。

我国水资源还有几个特点：一是全国降水在空间和时间的分布上极不平衡，南方水多，世界上最干旱国家，水丰富的南方却常常发生季节性干旱，使依赖水灌溉的主要农作物水稻及一些经济作物用水困难；三是污水排放量大、处理率低，全国年排污水 363 亿吨，其中 80％未经处理，使江河湖海和地下水严重污染，水质性缺水现象越来越严重；四是缺乏科学的用水定额和管理生产耗水量大，水的浪费相当普遍，全国工业用水重复利用率仅有 45％。所以，水的问题在我国是很严峻的。

城市生活用水和工农业生活用水都要求有稳定、可靠的供水。只有合理开发利用和保护水资源，防治水害，充分发挥水资源的综合效益，才能适应国民经济发展和人民生活的需要。一项调查预测表明，我国用水总量将逼近水资源总量，水资源"危机"为期不远。严峻的水环境形势要求进一步重视水的开发、利用。保护和水害防治等方面的立法工作，提高人们的节水、护水意识和"水患意识"，确保更有效地利用水资源，实现可持续发展战略。

3. 标点符号录入

在文档的结尾处录入以下数字符号。（4分）

(6)　Ⅳ　Ⅶ　11.　(三)　Ⅰ　(五)　⑧　20.　Ⅱ

**四、通用文档处理**（本题总分值为 20 分）

打开"素材库（中级）\ 考生素材 1 \ 综合素材 4.doc"，将其以"DAAN4A.doc"为文件名保存至考生文件夹中（此操作不计分），进行以下操作，最终版面如【样文 4A】所示：

1. 内容查找与替换

查找出文档中所有的"性"字，并将其全部替换为"姓"。（2 分）

2. 文档格式化处理

（1）特殊格式设置

将正文的第一段设置为"首字下沉"格式，下沉行数为 3 行，字体为华文中宋。（1 分）

（2）设置背景

将图片文件"素材库（中级）\ 考生素材 2 \ 图片素材 4A.jpg"，设置为文档的背景。（1 分）

3. 文档内容高级编辑

（1）设置中文版式

设置正文第二段的前六个字字号为三号，字色为蓝色，进行拼音指南操作。（2 分）

（2）插入尾注

为文档第一段结尾处的文本"甲骨文百家姓"添加天蓝色粗线下划线，并插入尾注"是以甲骨文的造字方法，来记述姓氏的学术表现特征。"。（2 分）

4. 表格高级处理

（1）绘制表格

在文档的结尾处插入一个 3 行 3 列的表格。（1 分）

（2）样式设置

将表格自动套用"彩色型 3"的表格样式。（1 分）

（3）属性设置

指定表格第三行的行高为固定值 2 厘米，列宽均为固定值 4 厘米，表格的对齐方式为居中。（1 分）

5. 对象高级处理

（1）插入对象

在文档尾部插入公式。（2 分）

$$\forall \, \|a+4\| = 5d/h + \sum$$

（2）艺术字的设置

将文档的标题设置为第 3 行第 3 列的艺术字样式，字体为幼圆、40 磅，设置"彩虹出岫Ⅱ"的填充效果，艺术字形状为"细上弯弧"，环绕方式为"嵌入式"。（2 分）

6. 邮件和信函合并

将"素材库（中级）\ 考生素材 2 \ 文件素材 4B. doc"复制到考生文件夹中，并且重命名为"DAAN4B. doc"（此操作不计分）。

（1）创建主文档、数据源

打开文档"中级 4－3B. doc"，选择"信函"文档类型，使用当前文档，以文件"素材库（中级）\ 考生素材 2 \ 数据素材 4C. xls"为数据源。（2 分）

（2）合并邮件

筛选出"出生年月"等于 1987 年的记录，并将其进行邮件合并。（2 分）

（3）文件保存

将合并的结果覆盖原文件"DAAN4B. doc"，并保存在考生文件夹中。（1 分）

【样文 4A】

# 甲骨文百家姓

早在五千多年以前，中国就已经形成姓氏，并逐渐发展扩大，世世代代延续。百家姓中有七成姓来源于洛阳偃师。《百家姓》以"百家"为名，实收单姓 408 个，复姓 30 个、共计 438 个。《百家姓》有一千多年的历史，自公元十世纪北宋朝代起在中国广为流传。而相当一部分姓氏，在甲骨文中出现，并被体现在那个时代，所以"甲骨文百家姓""是一种历史社会现象。

*jiǎ gǔ wén bǎi jiā xìng*
甲骨文百家姓，明显的"姓氏文字"是后来被称为汉字的中国汉朝隶书文字的渊源。为与宋书（体）、明书（体）、楷书形式上一致，可以称甲体（书）、骨体（书）、金体（书）、帛体（书）、竹体（书），为与"汉字"或现代中文大陆（简化）字对应，可以称为商（夏、殷）字。对比汉字与商字（甲骨字）、周字（金字）、秦字（篆字）才好理解字本义，直视历史真实可以正本清源文化与传统。甲骨文是商时期王室活动的记载。甲骨文字打开了观察 3000 年前黄河流域人们生活的窗户。

甲骨文百家姓，姓和氏有明显的区别。姓源于母系社会，同一个姓表示同一个母系的血缘关系。中国最早的姓，大都从"女"旁，如：姜、姚、姒、妫、嬴等，表示这是一些不同的老祖母传下的氏族人群。而氏的产生则在姓之后，是按父系来标识血缘关系的结果，这只能在父权家长制确立时才有可能。姓和氏有严格区别又同时使用的局面表明，母权制已让位于父权制，母系社会的影响还存在，一直到春秋战国以后才逐渐消亡。

$$\forall \| a+4 \| = 5 \frac{d}{h} + \Sigma$$

---

是以甲骨文的造字方法，来记述姓氏的学术表现特征。

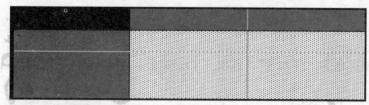

## 五、电子表格处理（本题总分值为 20 分）

打开"素材库（中级）\ 考生素材 1 \ 综合素材 5. xls"，将其以"DAAN5. xls"为文件名保存至考生文件夹中（此操作不计分），进行以下操作：

1. 数据输入与编辑处理

（1）数据编辑

将 Sheet1 工作表中表格内的空白行删除。设置标题文本的字体为黑体、20 磅。（1 分）

（2）数据输入

在 Sheet1 工作表中，用快速输入的方法输入第二行的"月份"，月份格式如【样文 5A】所示。（1 分）

2. 数据查找与替换

如【样文 5A】所示，在 Sheet1 工作表中，查找出数据"60.2"，并全部替换为数据"67.5"。（2 分）

3. 表格高级格式化处理

编辑处理后，如【样文 5A】所示。

（1）单元格编辑

将单元格区域 A1：N1 设置为合并居中的格式，并为其填充浅青绿色底纹。（1 分）

（2）添加批注

为"0.3"（D3 单元格）插入批注"降水量最少"，为"329.9"（I6 单元格）插入批注"降水量最多"，添加完毕后隐藏批注。（1 分）

（3）自动套用格式

在 Sheet1 工作表中，将除标题行以外的整个表格自动套用"彩色 1"的表格样式。（1 分）

4. 对象基本处理

（1）插入对象

在 Sheet1 工作表中表格的下方，插入图片文件"素材库（中级）＼考生素材 2＼图片素材 5.jpg"，并设置图片的缩放比例为 50%。（1 分）

（2）创建图表

如【样文 5B】所示，利用 Sheet1 工作表中相应的数据创建一个数据点折线统计图，作为新工作表插入到 Chart1 工作表中。（1 分）

（3）编辑图表

X 轴标题为"月份"，Y 轴标题为"降水量"，数值（Y）轴显示主要网格线，图例靠右显示。（1 分）

（4）修饰图表

将图表标题设置为"部分城市降水量统计表"，字体设为华文中宋、22 磅、天蓝色；图例区的字体设置为幼圆、14 磅，背景填充为"白色大理石"的纹理效果；将图表区的背景设置为"麦浪滚滚"的填充效果。（1 分）

5. 综合计算处理

（1）公式关系计算

在 Sheet1 工作表中，利用"月均量＝年总量/12 个月"的关系建立公式，分别计算出每个城市的月平均降雨量，将结果填在相应的单元格中。（2分）

（2）函数的运用

在 Sheet1 工作表 N8 单元格处，使用"计数"函数计算出整个表格中数据的个数。（1分）

6. 高级统计分析

（1）复杂排序

如【样文 5A】所示，在 Sheet1 工作表表格中以"月均量"为主要关键字，以"城市"为次要关键字，以"七月"为第三关键字，进行升序排序。（2分）

（2）高级筛选

如【样文 5C】所示，在 Sheet2 工作表的表格中，利用高级筛选的方法，筛选出七月降雨量在 100 以上，且八月份降雨量在 150 以上的数据，并指定在原有区域显示筛选结果。（2分）

（3）分类汇总

如【样文 5D】所示，在 Sheet3 工作表中，以"城市"为分类字段，以"五月""六月""七月""八月"为汇总项，进行求和的分类汇总。（2分）

【样文 5A】

## 部分城市降水量统计表

| 城市 | 一月 | 二月 | 三月 | 四月 | 五月 | 六月 | 七月 | 八月 | 九月 | 十月 | 十一月 | 十二月 | 月均量 |
|---|---|---|---|---|---|---|---|---|---|---|---|---|---|
| 乌鲁木齐 | 3.2 | 22.7 | 34.4 | 15.8 | 36.8 | 52.6 | 29.7 | 40.3 | 25.4 | 10.0 | 11.4 | 17.7 | 25 |
| 北京 | 3.7 | 1.5 | 0.3 | 16.9 | 8.6 | 39.2 | 206.4 | 158.5 | 18.3 | 9.9 | 43.4 | 0.0 | 42.225 |
| 哈尔滨 | 1.1 | 8.0 | 2.6 | 22.1 | 27.1 | 166.2 | 67.5 | 150.0 | 51.5 | 39.7 | 11.1 | 13.1 | 46.6667 |
| 海口 | 9.9 | 21.8 | 30.8 | 113.7 | 100.9 | 266.9 | 133.6 | 329.9 | 185.1 | 237.5 | 83.8 | 9.7 | 126.967 |
| 上海 | 65.0 | 68.3 | 142.9 | 78.3 | 85.6 | 207.8 | 274.3 | 311.6 | 183.7 | 53.7 | 97.2 | 26.9 | 132.942 |
| | | | | | | | | | | | | | 65 |

【样文 5B】

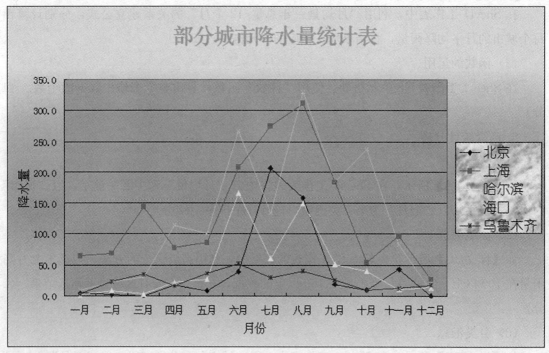

【样文 5C】

| 部分城市降水量统计表 | | | | | | | | | | | |
|---|---|---|---|---|---|---|---|---|---|---|---|
| 城市 | 一月 | 二月 | 三月 | 四月 | 五月 | 六月 | 七月 | 八月 | 九月 | 十月 | 十一月 | 十二月 |
| 北京 | 3.7 | 1.5 | 0.3 | 16.9 | 8.6 | 39.2 | 206.4 | 158.5 | 18.3 | 9.9 | 43.4 | 0.0 |
| 上海 | 65.0 | 68.3 | 142.9 | 78.3 | 85.6 | 207.8 | 274.3 | 311.6 | 183.7 | 53.7 | 97.2 | 26.9 |
| 海口 | 9.9 | 21.8 | 30.8 | 113.7 | 100.9 | 266.9 | 133.6 | 329.9 | 185.1 | 237.5 | 83.8 | 9.7 |

【样文 5D】

| 部分城市降水量统计表 | | | | | | | | | | | |
|---|---|---|---|---|---|---|---|---|---|---|---|
| 城市 | 一月 | 二月 | 三月 | 四月 | 五月 | 六月 | 七月 | 八月 | 九月 | 十月 | 十一月 | 十二月 |
| 北京汇总 | | | | | 8.6 | 39.2 | 206.4 | 158.5 | | | | |
| 上海汇总 | | | | | 85.6 | 207.8 | 274.3 | 311.6 | | | | |
| 哈尔滨汇总 | | | | | 27.1 | 166.2 | 60.2 | 150.0 | | | | |
| 海口汇总 | | | | | 100.9 | 266.9 | 133.6 | 329.9 | | | | |
| 乌鲁木齐汇总 | | | | | 36.8 | 52.6 | 29.7 | 40.3 | | | | |
| 总计 | | | | | 259.0 | 732.7 | 704.2 | 990.3 | | | | |

**六、演示文稿处理**（本题总分值为 15 分）

1. 幻灯片模板的操作

（1）保存模板

打开"素材库（中级）\ 考生素材 1 \ 综合素材 6.ppt"，将其以模板的文件类型保存至考生文件夹中，文件命名为"DAAN6A.pot"。（1 分）

（2）动画方案应用

将模板的动画方案更改为"忽明忽暗"，并将此更改应用于所有幻灯片。（1 分）

2. 幻灯片效果处理

打开"素材库（中级）＼考生素材1＼综合素材6.ppt"，将其以"DAAN6B.ppt"为文件名保存至考生文件夹中。（此步骤不计分）

（1）版式与色彩应用

在第一张幻灯片的文字版式设置为"标题幻灯片"，并将标题字体设置为华文新魏、120磅、加粗、粉红色（RGB：250，50，150）、有阴影（阴影样式5），对齐方式为居中。副标题字体设置为华文新魏、22磅、白色、有下划线。（2分）

（2）背景设置

在第一张幻灯片的背景设置为"素材库（中级）＼考生素材2＼图片素材6A.jpg"，锁定图片纵横比。（1分）

（3）背景音乐设置

在第一张幻灯片中插入声音文件"素材库（中级）＼考生素材2＼音频素材6B.mid"，自动开始播放，设置幻灯片在放映时隐藏声音图标，循环播放，6张幻灯片后停止播放。（1分）

3. 幻灯片按钮、图形图像应用及效果处理

（1）动作按钮设置

在第三张幻灯片中插入链接到第一张和最后一张幻灯片的动作按钮，并且设置动作按钮的高度和宽度均为2.5 cm，并为其添加"粉色面巾纸"的填充效果。（2分）

（2）图形图像处理

在最后一张幻灯片中插入图片"素材库（中级）＼考生素材2＼图片素材6C.jpg"，设置图片大小的缩放比例为440%，并将图片置于最底层。（1分）

4. 幻灯片放映设置

设置幻灯片的放映类型为"演讲者放映（全屏幕）"、循环放映全部幻灯片，选择放映方式为按ESC键终止，换片方式为"手动"。（2分）

5. 幻灯片动画设置

将第一张幻灯片中主标题动画效果设置为"挥舞"，速度为快速，单击鼠标时启动动画效果。副标题动画效果设置为"螺旋飞入"，速度为快速，单击鼠标时启动动画效果。（2分）

6. 幻灯片打印设置

设置幻灯片的打印范围为"全部"、打印内容为"讲义"、颜色/灰度为"灰度"、打印份数为"4份"、每页幻灯片数为"4"、顺序为垂直，并选择为幻灯片加框。（2分）

七、网络登录与信息浏览（本题总分值为 5 分）

1. 文件上传与下载

打开讯雷设置界面，在资源分享要求下载完成后手动停止资源持续上传；不允许连接 DHT 网络，并将迅雷设定为本机默认的 BT 协议下载工具，不支持浏览器左键建立 BT 任务。（2.5 分）

2. 浏览器的使用

启动 Internet Explorer 浏览器，将 http://www. baidu. com/设定为主页，设置 Internet 临时文件的容量限制为 500MB，每次访问网页时检查所存网页的较新版本，网页保存历史记录为 30 天。（2.5 分）

八、多媒体信息处理（本题总分值为 5 分）

1. 视频文件编辑

使用程序中的"Windows Movie Maker"工具，分别导入图片文件夹"素材库（中级）\ 考生素材 2 \ 图片素材 8A"和音频文件"素材库（中级）\ 考生素材 2 \ 音频素材 8B. wma"，进行视频编辑。将图片文件和音频文件全部添加到时间线上，并对音频文件进行剪裁，剪裁至与视频文件的时间线保持一致。（2 分）

2. 片头处理

按【样文 8A】所示，录入片头文字"国宝大熊猫"，字体设置为方正舒体、黄色、加粗；背景颜色设置为橙色；设置片头的动画效果为"淡化，擦除"，将影片以"DAAN8. wmv"为文件名保存至考生文件夹中。如【样文 8A】所示。（3 分）

【样文 8A】